三维动画课程设计

主编　郭早早　张晓媛

刘　淼　刘　韬

张文鹏

南开大学出版社
天　津

图书在版编目(CIP)数据

三维动画课程设计 / 郭早早等主编. —天津：南开
大学出版社,2014.5
　ISBN 978-7-310-04463-4

Ⅰ.①三⋯　Ⅱ.①郭⋯　Ⅲ.①三维动画软件
Ⅳ.①TP391.41

中国版本图书馆 CIP 数据核字(2014)第 077215 号

南开大学出版社出版发行
出版人：孙克强
地址：天津市南开区卫津路 94 号　　邮政编码：300071
营销部电话：(022)23508339　23500755
营销部传真：(022)23508542　　邮购部电话：(022)23502200

*

天津午阳印刷有限公司印刷
全国各地新华书店经销

*

2014 年 5 月第 1 版　　2014 年 5 月第 1 次印刷
260×185 毫米　16 开本　14 印张　352 千字
定价：26.00 元

如遇图书印装质量问题,请与本社营销部联系调换,电话：(022)23507125

内容简介

　　《三维动画课程设计》是一本剖析三维动画制作的书，更准确地说是一本特效动画的进阶教材。书中案例使用的是世界上最流行的两大三维制作软件 3DS MAX 和 MAYA，整部书的内容结构偏向于实际动画应用，以讲解和实践常用功能及新功能为主旨，以发掘软件内部潜力为主线，将命令参数层层剖开，以确保读者不只了解单一功能，而是从全局出发的主体思路，从而使读者从中得到启发，逐步提升独立解决问题的能力。

　　全书分为两篇，共设十章，涉及到的具体案例都是作者在实际教学中使用过的。书中的截图、示例具有教学针对性和实用性，体现了作者多年教学和实践经验的积累，相信读者通过认真学习此教材必定能快速提高三维软件的应用能力。

目　录

第一篇　3DMAX 设计案例

第一篇 3DMAX 设计案例

案例一　荒山别墅

"荒山别墅"案例效果图

学习指导

1. 基本掌握室外别墅常规建模技术。
2. 在没有 CAD 图纸的情况下，也可以根据常规建筑尺寸来建模。
3. 为了提高近景建筑物的视觉效果，要注意建模时尽量做得细腻一些。
4. 由于别墅墙体具有不规则性，所以应注意根据它们不同的大小来调整贴图坐标。
5. 使用灯光投影、摄像机环绕动画效果，充分体现别墅的视觉冲击。
6. 后期使用 Photoshop 处理周围环境，使效果图更加美观。

第1章 "荒山别墅"建模

1.1 制作墙体正面

（1）单击 （创建）命令面板下的 （图形）按钮，再单击 样条线 卷
展栏下的 矩形 按钮，然后在前视图中拖动鼠标创建一个【长度】、【宽度】分别为
15340 mm、3300 mm 的矩形，并将其命名为"正面墙体 1"，如图 1-1 所示。

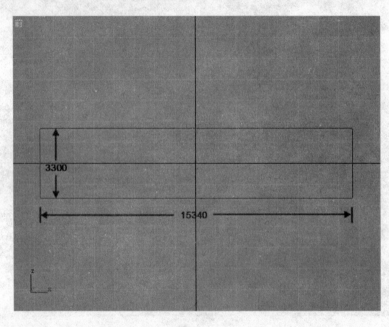

图 1-1

（2）在前视图中创建一个【长度】、【宽度】分别为 5240 mm、2500 mm 的矩形，并将其
命名为"窗框 1"。

（3）单击工具栏中的 （对齐）按钮，在前视图中单击"正面墙体 1"，在打开的对话
框中将参数设置为如图 1-2 所示，即将"窗框 1"与"正面墙体 1"在 X 轴和 Y 轴上进行【最
小】对齐，单击【确定】后，如图 1-3 所示。对于【对齐】命令，大家可以尝试选择【对齐
位置】、【当前对象】、【目标对象】，来对物体进行相应的对齐。应该注意的是，对齐位置是相
对于不同视图来说的。

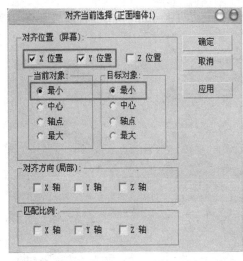

图 1-2

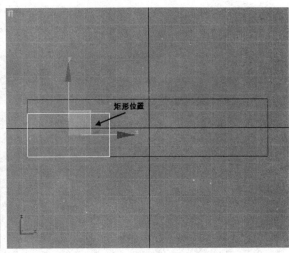

图 1-3

（4）右键单击工具栏中的 （移动）按钮，弹出【移动变换输入】对话框，在【偏移：屏幕】栏下的【X：】数值框中输入 400 mm，如图 1-4 所示，即将"窗框 1"沿 X 轴向右移动 400 mm。再在【Y：】数值框中输入-100 mm，即将"窗框 1"沿 Y 轴向下移动 100 mm，如图 1-5 所示。移动后效果如图 1-6 所示。

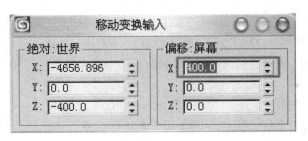

图 1-4

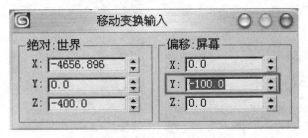

图 1-5

（5）在前视图中创建一个【长度】、【宽度】分别为 4800 mm、2500 mm 的矩形，并将其命名为"窗框 2"。

（6）按照步骤（3）和（4）的操作方法，在前视图中先将"窗框 2"与"正面墙体 1"在 X 轴上进行【最大】对齐，再将"窗框 2"与"正面墙体 1"在 Y 轴上进行【最小】对齐。然后将"窗框 2"沿 X 轴移动-400 mm，沿 Y 轴移动-100 mm。移动后效果如图 1-7 所示。

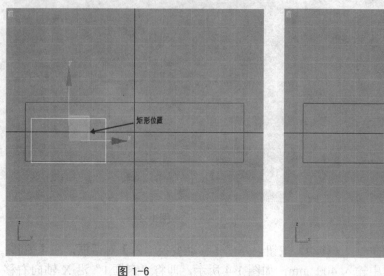

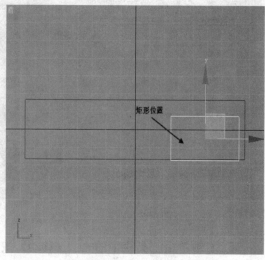

图 1-6　　　　　　　　　　　　　　　　图 1-7

（7）在前视图中创建一个【长度】、【宽度】分别为 1500 mm、2500 mm 的矩形，并将其命名为"门框 3"。

（8）在前视图中将"门框 3"与"正面墙体 1"在 X 轴和 Y 轴上进行【最小】对齐。然后将"门框 3"沿 X 轴移动 7140 mm，沿 Y 轴移动-500 mm。移动后效果如图 1-8 所示。

（9）单击　　　　　圆　　　按钮，在前视图中创建一个【半径】为 750 mm 的圆，并将其命名为"门框 4"。

（10）在前视图中先将"门框 4"与"门框 3"在 X 轴上进行【中心】对齐，再将"门框 4"在 Y 轴上的【中心】与"门框 3"的【最大】进行对齐。移动后效果如图 1-9 所示。

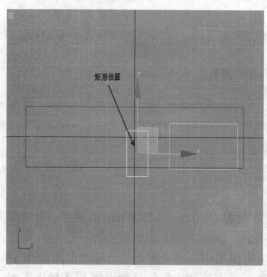

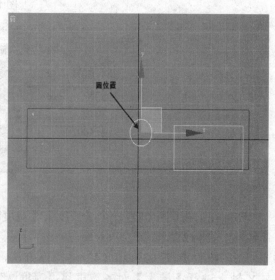

图 1-8　　　　　　　　　　　　　　　　图 1-9

（11）选择"正面墙体 1"，单击 （修改）按钮，进入修改命令面板，在修改器列表下拉菜单中选择【编辑样条线】命令，将"正面墙体 1"转换成可编辑样条线。

● 步骤 11 等同于单击鼠标右键选择"正面墙体 1"，在弹出选项中选择【转换为】→【转换为可编辑样条线】。

（12）在修改命令面板中，单击几何体卷展栏下的 [附加多个] 按钮，在弹出对话框中单击 [全部(A)] 按钮，即选中列出的全部对象，如图 1-10 所示。再单击 [附加] 按钮，将所选中的对象连接到"正面墙体 1"上。

● 步骤（12）也可以选中第一个对象"门框 1"，再按住 Shift 键，单击"门框 4"来进行全部选择；再或者选中任意一个对象，按住 Ctrl 键，再选择其他所需要附加的对象。

（13）单击选择卷展栏下 [∧]（样条线）按钮，再单击几何体卷展栏下的 [修剪] 按钮，然后在前视图中分别单击各样条线相交部分，即将它们进行修剪。如图 1-11 所示。

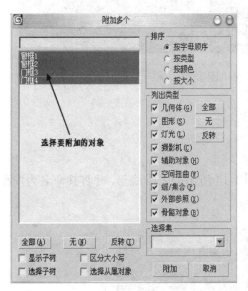

图 1-10

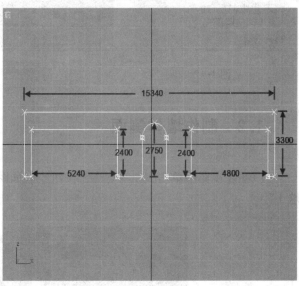

图 1-11

（14）单击选择卷展栏下 [···]（顶点）按钮，在前视图中选择断开的顶点，再单击几何体卷展栏下的 [焊接] 按钮，即将所有断开的顶点焊接好。

● 操作步骤（1）~（14）的过程也可以是直接单击 [↘]（创建）命令面板下的 [○]（图形）按钮，再单击 [线] 按钮直接绘制如图 1-11 所示的二维线形，但是这样做就很难掌握建筑物的尺寸，在有 CAD 图的情况下经常会采用这种方法。

（15）在修改器列表下拉菜单中选择【挤出】命令，在展开的参数卷展栏下的【数量】框中输入 240 mm，选择【网格】选项，如图 1-12 所示，即将"正面墙体 1"转换为三维对象，如图 1-13 所示。

● 【挤出】命令也可以通过【布尔运算】来实现，但是相比较之下【挤出】命令可能会更简单更方便一些，而且不容易出错。

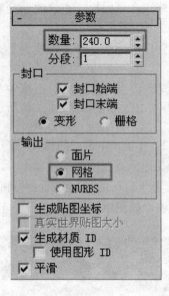

图 1-12

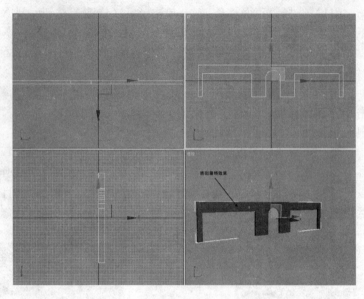

图 1-13

1.2　制作墙体侧面

（1）在左视图中单击＿＿＿线＿＿＿按钮绘制如图 1-14 所示的二维线形，并将其命名为"侧墙 1"。

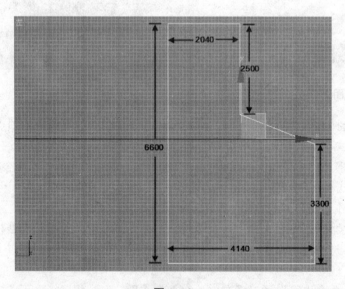

图 1-14

（2）在修改器列表下拉菜单中选择【挤出】命令，在展开的参数卷展栏下的【数量】框中输入 240 mm，"侧墙 1"位置及挤出后效果，如图 1-15 所示。

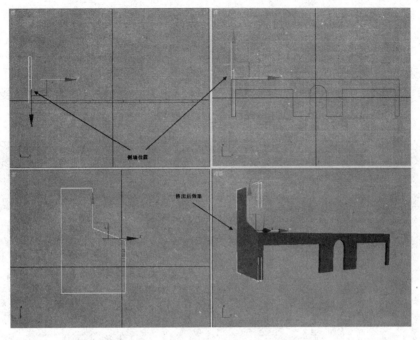

图 1-15

（3）在前视图中单击 ⊕ （移动）按钮，再按住【Shift】键，向右拖动鼠标左键，到达如图 1-16 所示的位置后释放鼠标，并将其命名为"侧墙 2"。

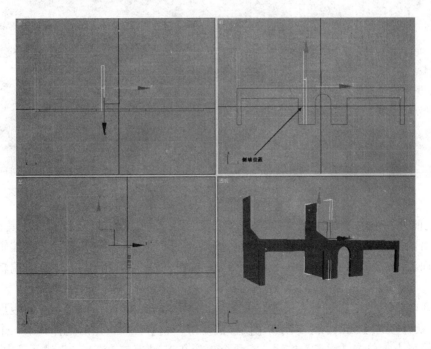

图 1-16

1.3　制作左面二层墙体

（1）在前视图中创建一个【长度】、【宽度】分别为 5960 mm、3300 mm 的矩形，将其命名为"左墙 1"，并在修改器列表下拉菜单中选择【挤出】命令，在展开的参数卷展栏下的【数量】框中输入 240 mm，移动位置后如图 1-17 所示。

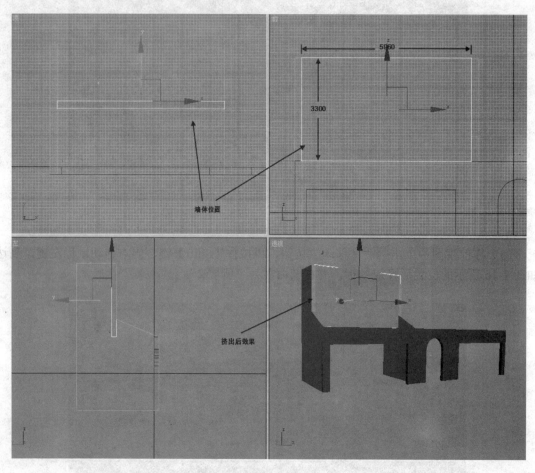

图 1-17

（2）在前视图中单击 线 按钮绘制如图 1-18 所示的二维线形，并将其命名为"左墙 2"。单击鼠标右键选择"左墙 2"，在弹出选项中选择【转换为】→【转换为可编辑样条线】，在修改器面板中选择卷展栏下单击 （顶点）按钮，以此用【移动】工具来调整并确定点的位置。

（3）在前视图中创建一个【长度】、【宽度】分别为 1500 mm、1300 mm 的矩形，再选择【移动】工具并按住【Shift】键复制一个同样的矩形，调整位置，然后选择其中一个矩形附加到另一个矩形上，单击【对齐】按钮，将两个矩形在 X 轴上与"左墙 2"进行【中心】对齐，如图 1-19 所示。

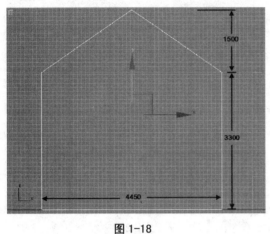

图 1-18

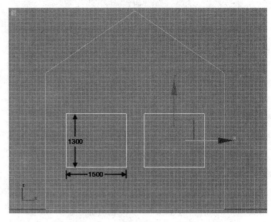

图 1-19

（4）单击 弧 按钮，在前视图中绘制两个【半径】为 822 mm，【从】24 mm【到】156 mm 的大弧形，再绘制一个【半径】为 230 mm，【从】2 mm【到】179 mm 的小弧形，单击【对齐】按钮，将小弧形与"左墙 2"在 X 轴上进行【中心】对齐，位置如图 1-20 所示。

（5）在前视图中单击右键选择小弧形，在弹出选项中选择【转换为】→【转换为可编辑样条线】，在修改器面板中选择卷展栏下单击 （顶点）按钮，并在几何体卷展栏下单击 连接 按钮，选择小弧形右侧下方的顶点，然后拖动鼠标到左侧下方的顶点上，将弧形的两个顶点连接到一起，如图 1-21 所示。

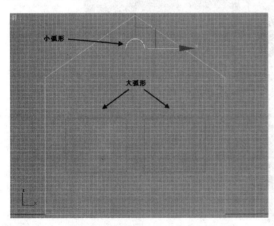

图 1-20

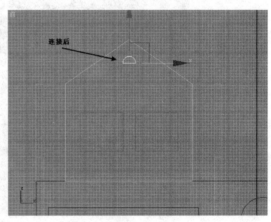

图 1-21

（6）在前视图中选择小弧形，在修改器面板中几何体卷展栏下单击【附加】按钮，再选择其他线框进行附加，将前面线框附加到一起。

（7）在修改器面板中选择卷展栏下单击 （线段）按钮，将矩形上方多余的线段删除，如图 1-22 所示。

（8）在修改器面板中选择卷展栏下单击 （顶点）按钮，选择断开的顶点，再单击几何体卷展栏下的 焊接 按钮，将断开的顶点焊接到一起，如图 1-23 所示。

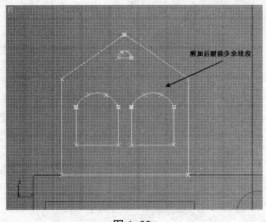

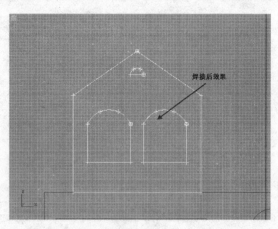

图 1-22　　　　　　　　　　　　　　　图 1-23

（9）在前视图中选择线框，并将其命名为"左墙2"，在修改器列表下拉菜单中选择【挤出】命令，再在展开的参数卷展栏下的【数量】框中输入 600 mm，调整"左墙2"位置，如图 1-24 所示。

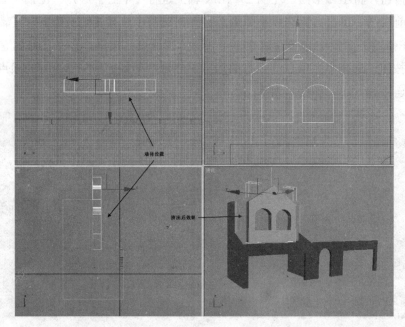

图 1-24

（10）在前视图中单击 ____线____ 按钮绘制二维线形，再创建一个【长度】、【宽度】分别为 1400 mm、2500 mm 的矩形，选择此矩形单击鼠标右键将其【转换为可编辑样条线】，在修改器面板中几何体卷展栏下单击【附加】按钮，选择二维线形附加在矩形上，将其命名为"侧门墙"，如图 1-25 所示。

（11）在修改器列表下拉菜单中选择【挤出】命令，再在展开的参数卷展栏下的【数量】框中输入 240 mm，调整"侧门墙"位置，如图 1-26 所示。

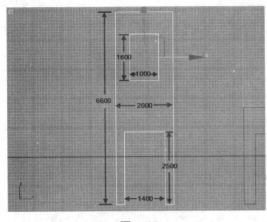

图 1-25

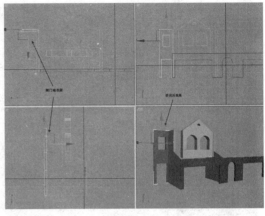

图 1-26

1.4 制作二层中间墙体

（1）在前视图中绘制一个【长度】、【宽度】分别为 2750 mm、3200 mm 的大矩形，再绘制一个【长度】、【宽度】分别为 1300 mm、2000 mm 的小矩形，单击小矩形选择【对齐】工具对大矩形在 X 轴和 Y 轴上进行【中心】对齐，如图 1-27 所示。然后选择大矩形将其【转换为可编辑样条线】，在修改器命令面板选择卷展栏下单击【附加】按钮，并选择小矩形使其附加在一起，并命名为 "中墙 1"。

（2）选择 "中墙 1"，在修改器列表下拉菜单中选择【挤出】命令，再在展开的参数卷展栏下的【数量】框中输入 240 mm，调整 "中墙 1" 位置，如图 1-28 所示。

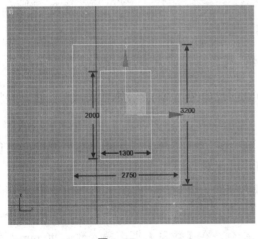

图 1-27

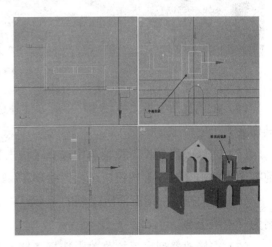

图 1-28

（3）在左视图中创建两个 ▭长方体 【长度】、【宽度】、【高度】分别为 3200 mm，3000 mm，240 mm，并将其分别命名为 "中墙左"、"中墙右"，调整位置关系如图 1-29 所示。

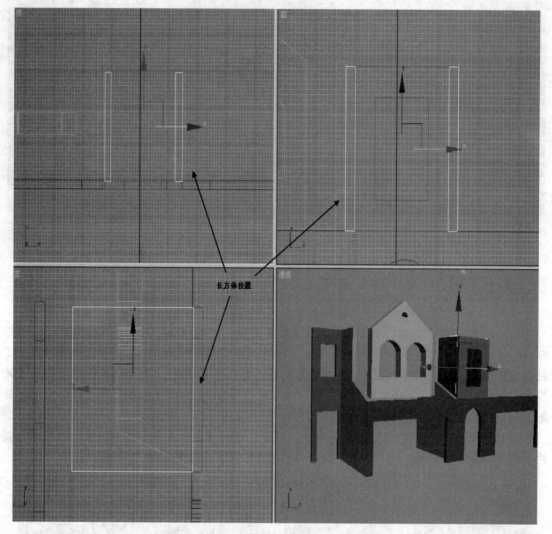

长方体位置

图 1-29

（4）在顶视图中沿"中墙1"和长方体外边缘创建如图1-30所示的二维封闭曲线，并将其命名为"中墙上1"。

（5）在修改器列表下拉菜单中选择【挤出】命令，在【数量】框中输入数值60 mm。在前视图中单击【对齐】按钮，选择"中墙1"与其进行对齐操作。

（6）在顶视图中沿上面所绘制的矩形外边缘再创建一个矩形，如图1-31所示，并将其命名为"中墙上2"。

（7）在修改器列表下拉菜单中选择【挤出】命令，在【数量】框中输入数值90 mm。在前视图中单击【对齐】按钮，选择"中墙1"与其进行对齐操作，如图1-32所示。

（8）选择"二层中间墙体"中所创建的所有对象，单击菜单栏中的【组】→【成组】命令，将其成组为"中墙"造型，并使用【移动】工具调整"中墙"位置，如图1-33所示。

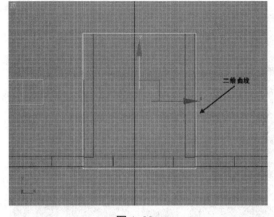

图 1-30   图 1-31

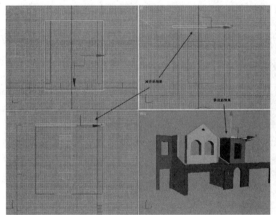
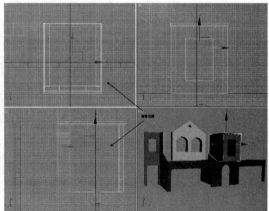

图 1-32   图 1-33

1.5 制作右面二层墙体

（1）在前视图中创建三个矩形【长度】、【宽度】分别为 6200 mm、3300 mm，2000 mm、1700 mm，2500 mm、1500 mm，如图 1-34 所示。选择其中一个矩形在修改器命令面板选择卷展栏下单击【附加】按钮，使其附加在一起，并将其命名为"右墙体"。

（2）单击选择"右墙体"，在修改器列表下拉菜单中选择【挤出】命令，在【数量】框中输入数值 240 mm，调整"右墙体"的位置，如图 1-35 所示。

（3）在左视图中，"左"字上面单击鼠标右键，在弹出的对话框中选择【视图】→【右】，由此进入右视图的编辑中。

（4）在右视图中，创建如图 1-36 所示的二维线形，并将其命名为"侧墙 3"。

（5）选择"侧墙 3"， 在修改器列表下拉菜单中选择【挤出】命令，在【数量】框中输入数值 240 mm，调整"侧墙 3"的位置，如图 1-37 所示。

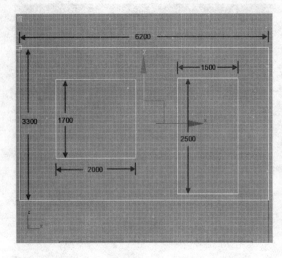

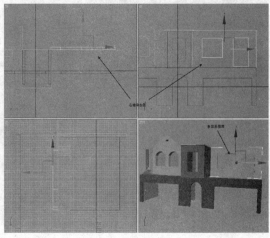

图 1-34   图 1-35

在使用 ⸺ 线 ⸺ 按钮直接绘制二维线形的时候，可以进入 ⸬ 点层级，用调整点的位置来确定物体的详细位置。在进行【挤出】命令之后，还可以通过【对齐】命令对墙体等进行操作，目的是使别墅做得更细腻一些。

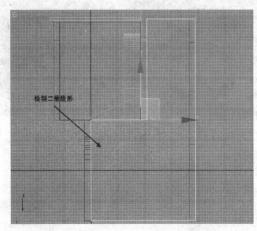

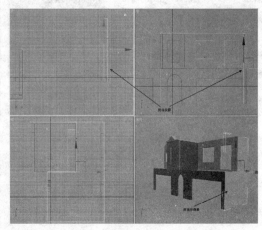

图 1-36   图 1-37

1.6　制作侧立面

（1）在左视图中参考制作"正面墙体1"与"左墙2"的过程创建如图 1-38 所示的二维线形。选择其中一个二维线形在修改器命令面板选择卷展栏下单击【附加】按钮，使其附加在一起，并将其命名为"侧立面墙体1"。

（2）单击选择"侧立面墙体1"，在修改器列表下拉菜单中选择【挤出】命令，在【数量】框中输入数值 240 mm，调整"侧立面墙体1"的位置，如图 1-39 所示。

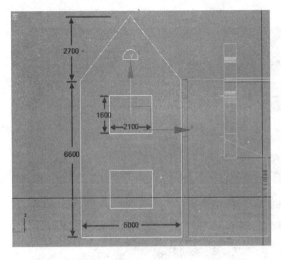
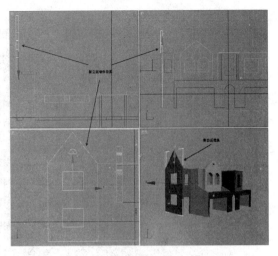

图 1-38　　　　　　　　　　　　　　　　图 1-39

在使用　　　线　　　按钮直接绘制二维线形的时候，也可以先利用绘制矩形来确定二维线形的位置，再使用线来描绘矩形所确定下来的点，使别墅画得更精确一些。

（3）选择"侧立面墙体 1"进入修改编辑器面板单击 〰（样条线）按钮，在左视图中选择半圆弧（呈红色），再在修改器面板几何体卷展栏下【复制】复选框中打上对号，然后点击【分离】按钮，如图 1-40 所示，再在所弹出的对话框中将复制并分离出来的样条线命名为"装饰 1"，如图 1-41 所示，单击【确定】按钮，将其分离出来。

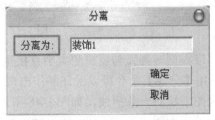

图 1-40　　　　　　　　　　　　　　　　图 1-41

（4）进入修改器面板中单击 〰 按钮，再在工具栏中单击 ▓ （按名称选择）按钮，在弹出的对话框中选择"装饰 1"后单击【选择】按钮，即选择上 "装饰 1"样条线（呈红色）。

（5）在修改器面板中单击几何体卷展栏下的　轮廓　按钮，在其右侧的数值框中输入-40 mm，按【Enter】键扩展轮廓。然后进入修改器列表下拉菜单中选择【挤出】命令，在【数量】框中输入数值 300 mm，效果位置如图 1-42 所示。

（6）根据步骤（3）、（4）所讲将两个矩形样条线复制、分离出来，并命名为"窗框 1"，再选择"窗框 1"，使其样条线呈红色。

（7）在修改器面板中单击几何体卷展栏下的　轮廓　按钮，在其右侧的数值框中输入 42 mm，按【Enter】键扩展轮廓，如图 1-43 所示。然后进入修改器列表下拉菜单中选择【挤出】命令，在【数量】框中输入数值 60 mm，在顶视图中单击【对齐】按钮，将"窗框 1"与"侧立面墙体 1"在 X 轴上进行【中心】对齐，效果位置如图 1-44 所示。

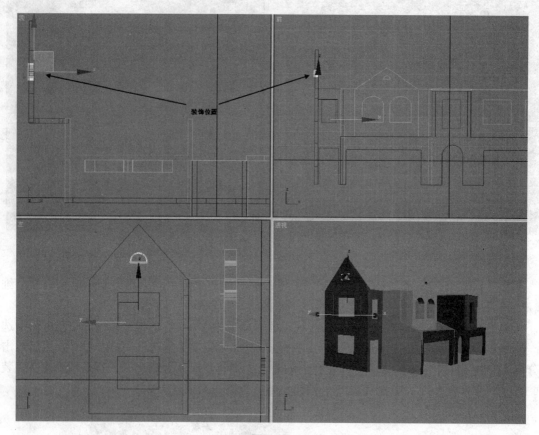

图 1-42

实际上也可以根据半圆弧与窗户的大小直接重新绘制二维线形，然后再进行【轮廓】、【挤出】命令。但使用【分离】命令可以保证制作出来的"窗框"造型与"墙体"洞口完全吻合。

（8）在左视图中绘制一条折线，如图 1-45 所示，并将其命名为"侧墙檐 1"。

（9）进入修改器面板中单击 按钮，进入样条线子对象层级，在左视图中选择整个样条线（呈红色），然后在几何体卷展栏下【轮廓】右侧文本框中输入-150 mm，按下【Enter】键将其扩展轮廓，如图 1-46 所示。

（10）选择"侧墙檐 1"进入修改器列表下拉菜单中选择【挤出】命令，在【数量】框中输入数值 500 mm，在顶视图中单击【对齐】按钮，将"侧墙檐 1"与"侧立面墙体 1"在 X 轴上进行【最大】对齐，如图 1-47 所示。

（11）在左视图中绘制一条折线，如图 1-48 所示，并将其命名为"侧墙檐 2"。

（12）进入修改器面板单击 按钮，进入样条线子对象层级，在左视图中选择整个样条线（呈红色），然后在几何体卷展栏下【轮廓】右侧文本框中输入-80 mm，按下【Enter】键将其扩展轮廓。

（13）选择"侧墙檐 2" 进入修改器列表下拉菜单选择【挤出】命令，在【数量】框中输入数值 565 mm，在顶视图中单击【对齐】按钮，将"侧墙檐 2"与"侧立面墙体 1"在 X 轴上进行【最大】对齐，如图 1-49 所示。

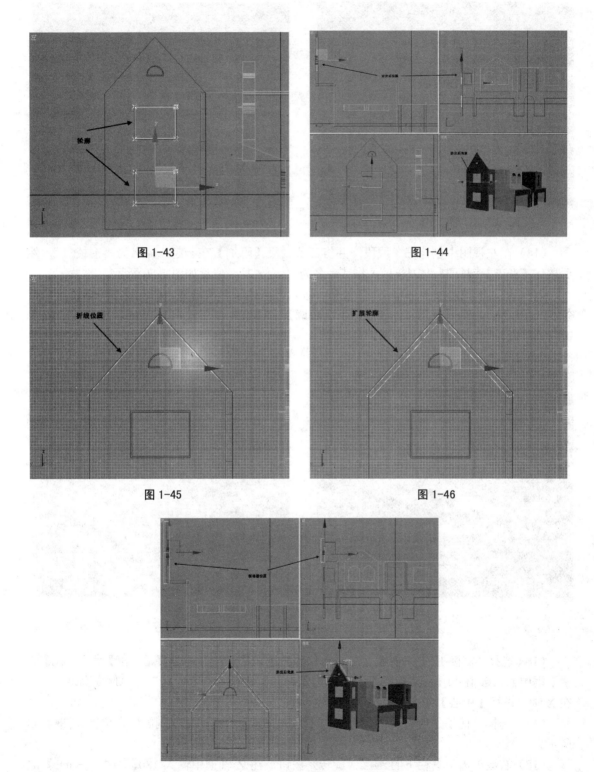

图 1-43

图 1-44

图 1-45

图 1-46

图 1-47

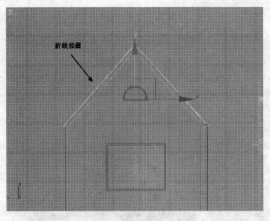
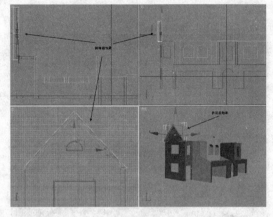

图 1-48　　　　　　　　　　　　　　　图 1-49

（14）在左视图中创建三条线段，并将三条线段【附加】在一起，命名为"窗棱 1"，然后按住【Shift】键复制"窗棱 1"，将其命名为"窗棱 2"，位置如图 1-50 所示。

（15）进入修改器面板中单击 ⌒ 按钮，进入样条线子对象层级，在左视图中选择整个样条线（呈红色），然后在几何体卷展栏下【轮廓】右侧文本框中输入 60 mm，按下【Enter】键将其扩展轮廓，如图 1-51 所示。

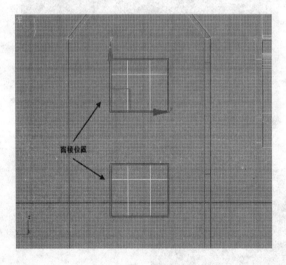
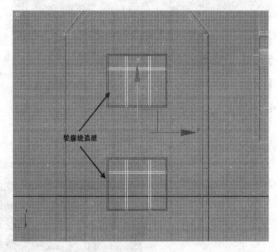

图 1-50　　　　　　　　　　　　　　　图 1-51

（16）选择"窗棱 1"与"窗棱 2"进入修改器列表下拉菜单中选择【挤出】命令，在【数量】框中输入数值 60 mm，在顶视图中单击【对齐】按钮，将"窗棱"与"侧立面墙体 1"在 X 轴上进行【中心】对齐，如图 1-52 所示。

（17）选择"侧墙"所有单体，再按住【Shift】键向右拖动并复制侧墙，位置如图 1-53 所示。

（18）右键单击工具栏下的 🔄 （旋转）按钮，在 Z 轴框中输入 180，再按【Enter】键确认，调整位置如图 1-54 所示。

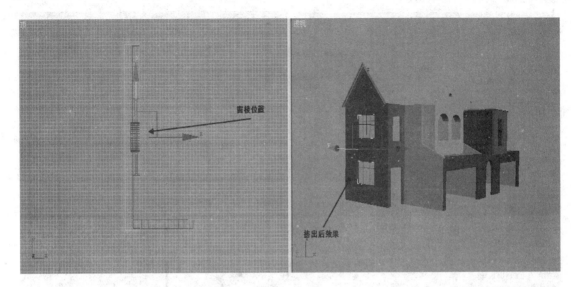

图 1-52

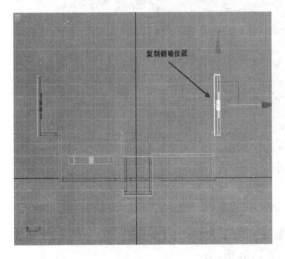

图 1-53

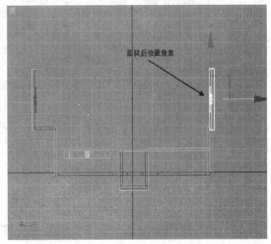

图 1-54

1.7 制作装饰物

（1）在前视图中绘制如图 1-55 所示的二维线形，并将其命名为"装饰 2"。

（2）在修改器命令面板中单击选择卷展栏下的 ⌒ 按钮，进入样条线子对象层级，在前视图中选择整个样条线（呈红色），然后在几何体卷展栏下【轮廓】右侧文本框中输入-150 mm，按下【Enter】键将其扩展轮廓，如图 1-56 所示。

（3）在修改器列表下拉菜单中选择【挤出】命令对扩展轮廓后的线形进行挤出修改，在【数量】框中输入 260 mm，然后调整"装饰 2"的位置，如图 1-57 所示。

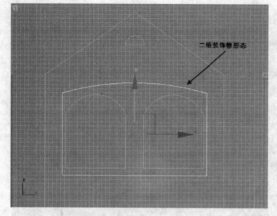

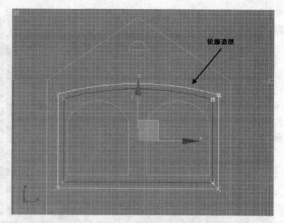

图 1-55　　　　　　　　　　　　　图 1-56

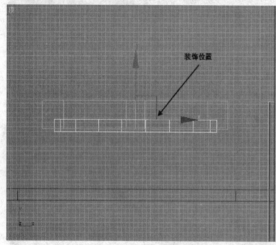

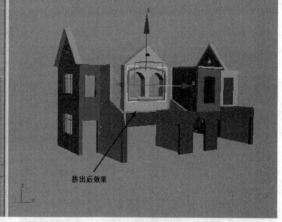

图 1-57

（4）在顶视图中创建一个【长度】、【宽度】、【高度】为别为 328 mm、274 mm、235 mm 的长方体，并将其命名为"装饰 3"，其位置如图 1-58 所示。

（5）在修改器列表下拉菜单中选择【编辑网格】命令，单击选择卷展栏下的 按钮，进入顶点子对象层级，在前视图中框选长方体下方的顶点，利用工具栏中的 （选择并均匀缩放）按钮，将其沿 X 轴缩放相应大小，如图 1-59 所示。

（6）在左视图中框选右下方的顶点，将其沿 X 轴向左移动到如图 1-60 的位置。

（7）在前视图中绘制如图 1-61 所示的二维线形，调整位置，并将其命名为"装饰 4"。

（8）在修改器命令面板中单击选择卷展栏下的 按钮，进入样条线子对象层级，在前视图中选择整个样条线（呈红色），然后在几何体卷展栏下【轮廓】右侧文本框中输入-55 mm，按下【Enter】键将其扩展轮廓。

（9）在修改器列表下拉菜单中选择【挤出】命令对扩展轮廓后的线形进行挤出修改，在【数量】框中输入 300 mm，然后调整"装饰 4"的位置，如图 1-62 所示。

（10）在前视图中绘制如图 1-63 所示的二维线形，调整位置，并将其命名为"装饰 5"。

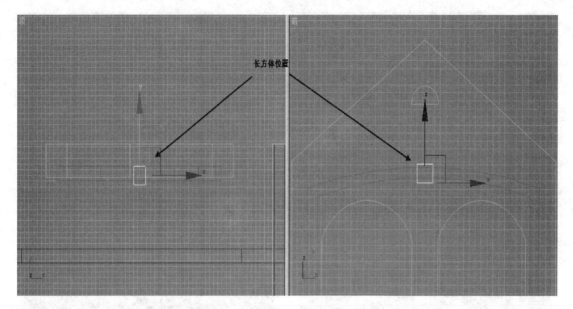

图 1-58

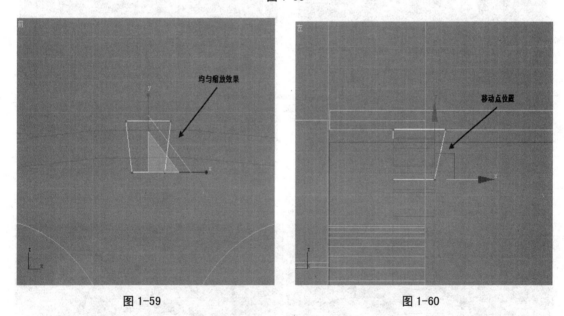

图 1-59　　　　　　　　　　　　　　　　图 1-60

（11）在修改器命令面板中单击选择卷展栏下的 ✓ 按钮，进入样条线子对象层级，在前视图中选择整个样条线（呈红色），然后在几何体卷展栏下【轮廓】右侧文本框中输入-95 mm，按下【Enter】键将其扩展轮廓，如图 1-64 所示。

（12）在修改器列表下拉菜单中选择【挤出】命令对扩展轮廓后的线形进行挤出修改，在【数量】框中输入 320 mm，然后调整"装饰 5"的位置，如图 1-65 所示。

（13）在顶视图中创建一个【长度】、【宽度】、【高度】分别为 410 mm、360 mm、282 mm 的长方体，并将其命名为"装饰 6"，其位置如图 1-66 所示。

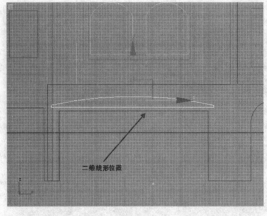

图 1-61

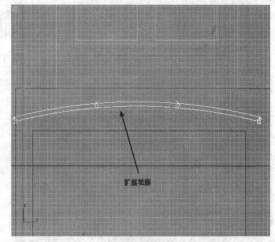

图 1-62

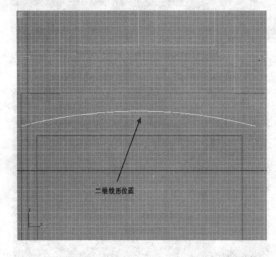

图 1-63

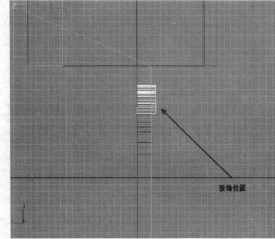

图 1-64

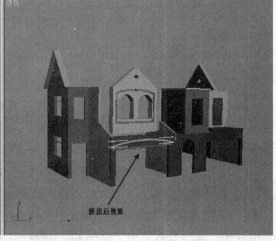

图 1-65

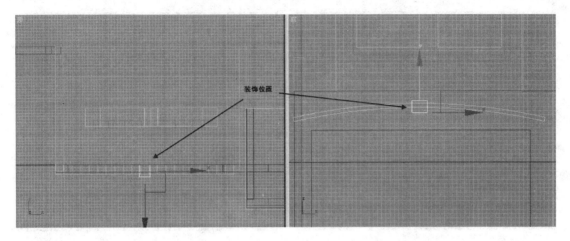

图 1-66

（14）在修改器列表下拉菜单中选择【编辑网格】命令，单击选择卷展栏下的 按钮，进入顶点子对象层级，在前视图中框选长方体下方的顶点，利用工具栏中的 （选择并均匀缩放）按钮，将其沿 X 轴缩放相应大小，如图 1-67 所示。

（15）在左视图中框选右下方的顶点，将其沿 X 轴向左移动到如图 1-68 的位置。

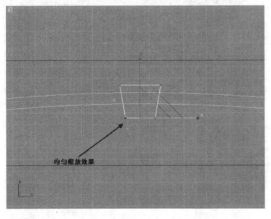

图 1-67

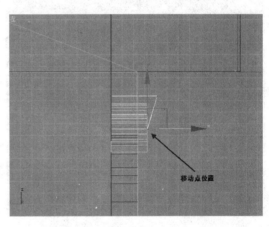

图 1-68

1.8 制作房顶及底面

（1）在左视图中绘制一条折线，如图 1-69 所示，并将其命名为"屋顶 1"。

（2）进入修改器面板中单击 按钮，进入样条线子对象层级，在左视图中选择整个样条线（呈红色），然后在几何体卷展栏下【轮廓】右侧文本框中输入-35 mm，按下【Enter】键将其扩展轮廓。

（3）选择"屋顶 1"，进入修改器列表下拉菜单中选择【挤出】命令，在【数量】框中输入数值 17350 mm，调整"屋顶 1"位置，如图 1-70 所示。

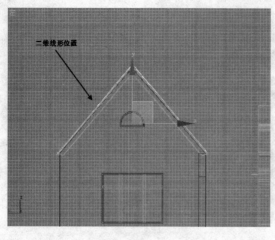

图 1-69

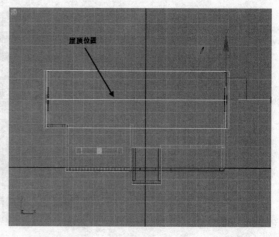

图 1-70

（4）在前视图中创建如图 1-71 所示的二维线形，并将其命名为"屋瓦 1"。

（5）在修改器列表下拉菜单中选择【挤出】命令对"屋瓦 1"进行挤出修改，在【数量】框中输入 1800 mm，然后调整"屋瓦 1"的位置，如图 1-72 所示。

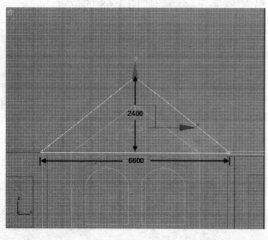

图 1-71

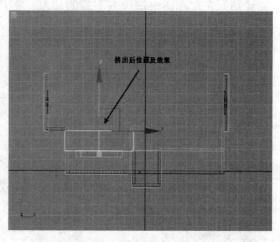

图 1-72

（6）在修改器列表下拉菜单中选择【编辑网格】命令，单击选择卷展栏下的 按钮，进入顶点子对象层级，在左视图中框选上方的顶点，利用移动工具，将其沿 X 轴移动到如图 1-73 所示的位置。

（7）在前视图中创建如图 1-74 所示的二维线形，并将其命名为"屋瓦 2"。

（8）进入修改器面板中单击 按钮，进入样条线子对象层级，在前视图中选择整个样条线（呈红色），然后在几何体卷展栏下【轮廓】右侧文本框中输入-45 mm，按下【Enter】键将其扩展轮廓。

（9）选择"屋瓦 2"，进入修改器列表下拉菜单中选择【挤出】命令，在【数量】框中输入数值 2000 mm，调整"屋瓦 2"位置，如图 1-75 所示。

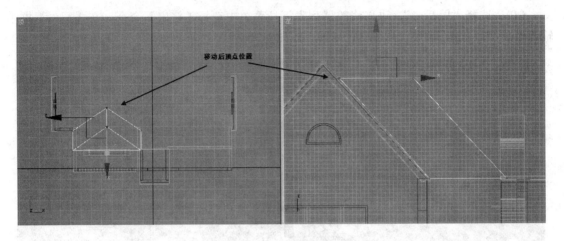

图 1-73

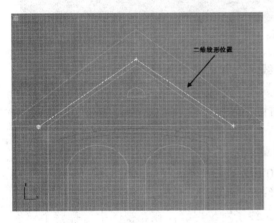

图 1-74

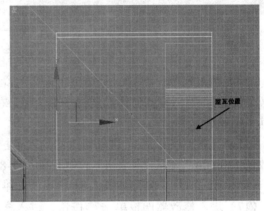

图 1-75

（10）在前视图中创建如图 1-76 所示的二维线形，并将其命名为"屋瓦 3"。

（11）进入修改器面板中单击⌒按钮，进入样条线子对象层级，在前视图中选择整个样条线（呈红色），然后在几何体卷展栏下【轮廓】右侧文本框中输入-190 mm，按下【Enter】键将其扩展轮廓，如图 1-77 所示。

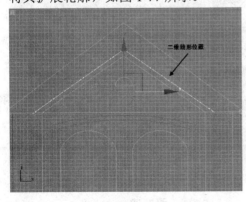

图 1-76

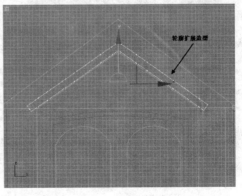

图 1-77

（12）选择"屋瓦 3"，进入修改器列表下拉菜单中选择【挤出】命令，在【数量】框中输入数值 200 mm，调整"屋瓦 3"位置，如图 1-78 所示。

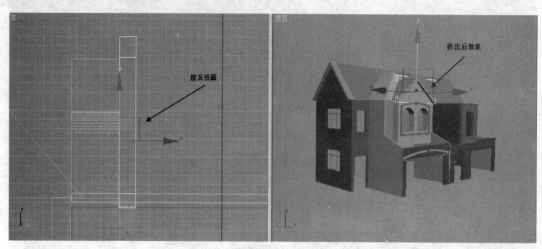

图 1-78

（13）在前视图中创建如图 1-79 所示的二维线形，并将其命名为"屋瓦 4"。

（14）进入修改器面板单击⌒按钮，进入样条线子对象层级，在前视图中选择整个样条线（呈红色），然后在几何体卷展栏下【轮廓】右侧文本框中输入-100 mm，按下【Enter】键将其扩展轮廓。

（15）选择"屋瓦 4"，进入修改器列表下拉菜单选择【挤出】命令，在【数量】框中输入数值 150 mm，调整"屋瓦 4"位置，如图 1-80 所示。

（16）在左视图中创建如图 1-81 所示的二维线形，并将其命名为"屋顶 2"。

（17）进入修改器面板单击⌒按钮，进入样条线子对象层级，在左视图中选择整个样条线（呈红色），然后在几何体卷展栏下【轮廓】右侧文本框中输入-48 mm，按下【Enter】键将其扩展轮廓。

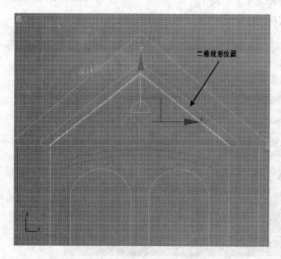

图 1-79

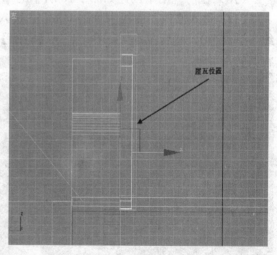

图 1-80

（18）选择"屋顶 2"，进入修改器列表下拉菜单选择【挤出】命令，在【数量】框中输入数值 6600 mm，调整"屋顶 2"位置，如图 1-82 所示。

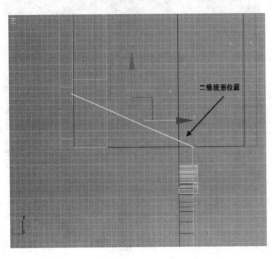

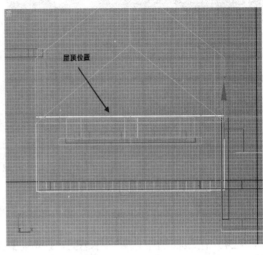

图 1-81　　　　　　　　　　　　　　　　　　　　图 1-82

（19）在左视图中创建如图 1-83 所示的二维线形，并将其命名为"屋顶 3"。

（20）进入修改器面板单击 按钮，进入样条线子对象层级，在左视图中选择整个样条线（呈红色），然后在几何体卷展栏下【轮廓】右侧文本框中输入 10 mm，按下【Enter】键将其扩展轮廓。

（21）选择"屋顶 3"，进入修改器列表下拉菜单选择【挤出】命令，在【数量】框中输入数值 6700 mm，调整"屋顶 3"位置，如图 1-84 所示。

（22）在顶视图中创建【长度】、【宽度】分别为 8900 mm、2000 mm 的矩形，并将其命名为"屋顶 4"，如图 1-85 所示位置。

（23）在修改器列表下拉菜单中选择【挤出】命令对"屋顶 4"进行挤出修改，在【数量】框中输入 80 mm，然后调整"屋顶 4"的位置，如图 1-86 所示。

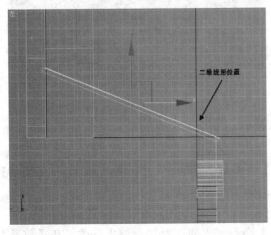

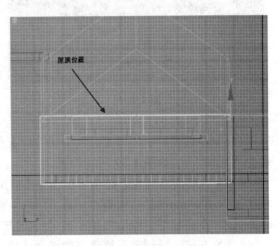

图 1-83　　　　　　　　　　　　　　　　　　　　图 1-84

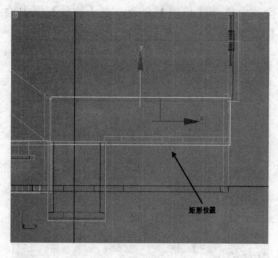

图 1-85

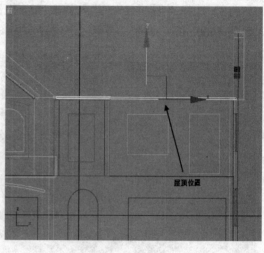

图 1-86

（24）在顶视图中创建【长度】、【宽度】分别为 9000 mm、2100 mm 的矩形，并将其命名为"屋顶 5"，如图 1-87 所示位置。

（25）在修改器列表下拉菜单中选择【挤出】命令对"屋顶 5"进行挤出修改，在【数量】框中输入 100 mm，然后调整"屋顶 5"的位置，如图 1-88 所示。

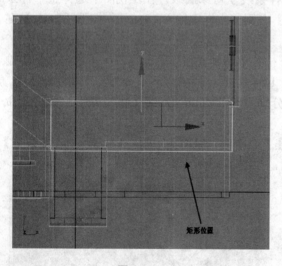

图 1-87

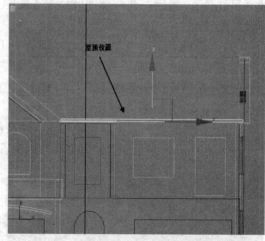

图 1-88

（26）在顶视图中创建【长度】、【宽度】分别为 6200 mm、2200 mm 的矩形，并将其命名为"屋顶 6"，如图 1-89 所示位置。

（27）在修改器列表下拉菜单中选择【挤出】命令对"屋顶 6"进行挤出修改，在【数量】框中输入 100 mm，然后调整"屋顶 6"的位置，如图 1-90 所示。

（28）在底视图中绘制如图 1-91 所示的二维线形，并将其命名为"底面"。

（29）在修改器列表下拉菜单中选择【挤出】命令对"底面"进行挤出修改，在【数量】

框中输入 500 mm，然后调整"底面"的位置，如图 1-92 所示。

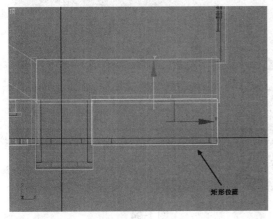

图 1-89

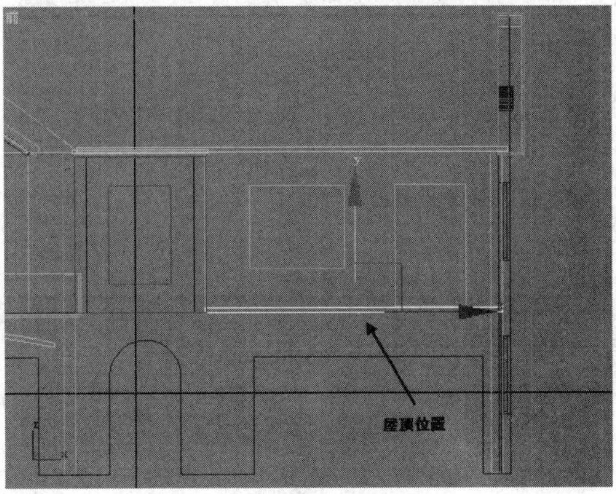

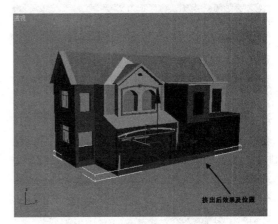

图 1-90

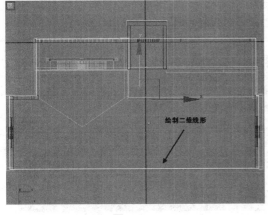

图 1-91

图 1-92

1.9 制作窗体

（1）在左视图中创建一个【长度】、【宽度】、【高度】分别为 120 mm、2200 mm、400 mm 的长方体，并将其命名为"窗台 1"，在左视图中与"窗框 1"在 X 轴上进行【中心】对齐，如图 1-93 所示，在顶视图中与"侧立面墙体 1"在 X 轴上进行【最大】对齐，如图 1-94 所示。

（2）选择"窗台 1"单击移动按钮并按住【Shift】键复制一个窗台，移动到如图 1-95 所示的位置上。再在前视图中选择两个窗台，按照相同的方法复制窗台到"侧立面墙体 2"上。

（3）在创建面板中单击　平面　按钮，在左视图中创建一个【长度】、【宽度】分别为 5000 mm、2200 mm 的平面，并将其命名为"玻璃 1"，如图 1-96 所示。在左视图中与"侧立面墙体 1"在 X 轴上进行【中心】对齐，在顶视图中与"侧立面墙体 1"在 X 轴上进行【中心】对齐。然后复制"玻璃 1"到"侧立面墙体 2"上。

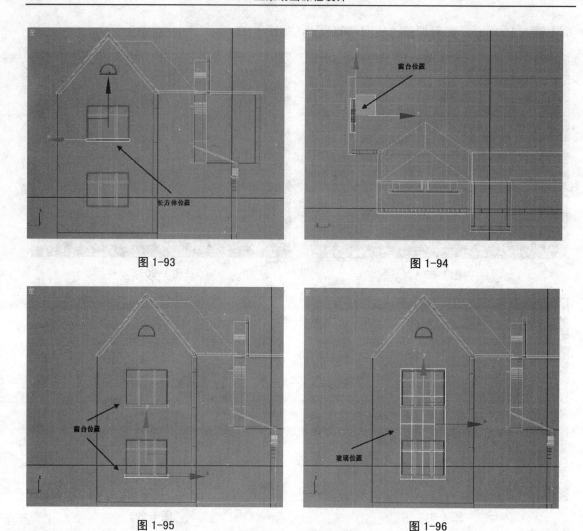

图 1-93　　　　　　　　　　　　　图 1-94

图 1-95　　　　　　　　　　　　　图 1-96

（4）参照前面所讲到的方法在前视图中【分离】出样条线，将其命名为"窗框 5"，【轮廓】为 42，【挤出】数量 60，在顶视图中与"侧门墙"在 Y 轴上进行【中心】对齐，位置如图 1-97 所示。

（5）参照前面所讲到的方法在前视图中创建二维线形，将其命名为"窗棱 5"，【附加】后【轮廓】为 60，【挤出】数量 60，在顶视图中与"侧门墙" 在 Y 轴上进行【中心】对齐，位置如图 1-98 所示。

（6）在前视图中创建【长度】、【宽度】分别为 1600 mm、1000 mm 的平面，将其命名为"玻璃 5"，与"窗框 5"在 X 和 Y 轴上进行【中心】对齐，在顶视图中与"侧门墙"在 Y 轴上进行【中心】对齐，如图 1-99 所示效果。

（7）在前视图中创建【长度】、【宽度】、【高度】分别为 1100 mm、400 mm、120 mm 的长方体，将其命名为"窗台 5"，在顶视图中与"侧门墙"在 Y 轴上进行【最大】对齐，位置如图 1-100 所示。

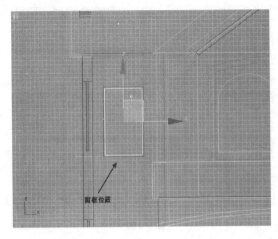

图 1-97

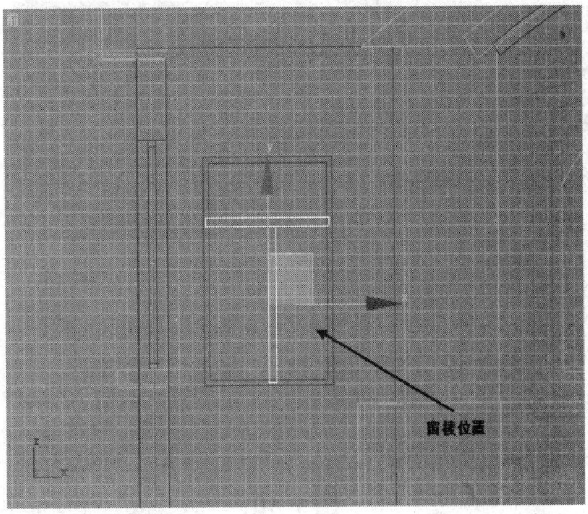

图 1-98

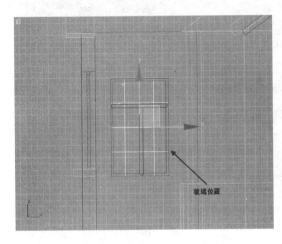

图 1-99

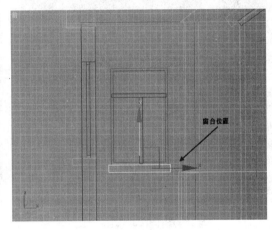

图 1-100

（8）在前视图中【分离】出样条线，并将其命名为"装饰 7"，【轮廓】为 60，【挤出】数量 700，在顶视图中与"左墙 2"在 Y 轴上进行【最大】对齐，位置如图 1-101 所示。

（9）在前视图中【分离】出样条线，并将其命名为"窗框 6"，【轮廓】为 60，【挤出】数量 100，在左视图中与"装饰 2"在 X 轴上进行【最小】对齐，位置如图 1-102 所示。

（10）在前视图中【分离】出样条线，并将其命名为"装饰 8"，【轮廓】为 55，进入点层级调整下面两个点的位置，【挤出】数量 700，在顶视图中与"左墙 2"在 Y 轴上进行【最大】对齐，位置如图 1-103 所示。

（11）在前视图中绘制三条二维线形将其【附加】并命名为"窗棱 6"，复制"窗棱 6"后再【附加】，【轮廓】为 60，【挤出】数量 60，在左视图中与"窗框 6"在 X 轴上进行【中心】对齐，位置如图 1-104 所示。

（12）在前视图中创建一个【长度】、【宽度】分别为 3600 mm、1900 mm 的平面，并将其命名为"玻璃 6"，在左视图中与"窗框 6"在 X 轴上进行【中心】对齐，位置如图 1-105 所示，其窗体效果如图 1-106 所示。

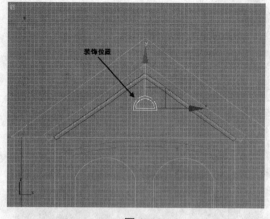

图 1-101

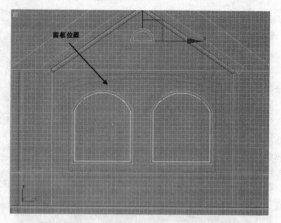

图 1-102

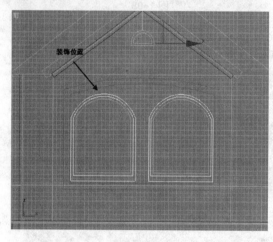

图 1-103

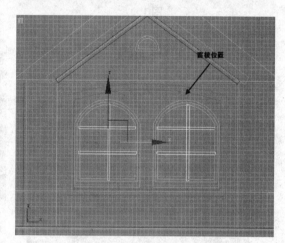

图 1-104

　　（13）选择"中墙"单击菜单栏上的【组】→【解组】，对"中墙进行"解组操作。

　　（14）在前视图中【分离】出样条线，并将其命名为"窗框 7"，【轮廓】为 42，【挤出】数量 60，在顶视图中与"中墙 1"在 Y 轴上进行【中心】对齐，位置如图 1-107 所示。

　　（15）在前视图中绘制两条二维线形将其【附加】并命名为"窗棱 7"，【轮廓】为 30，【挤出】数量 60，在顶视图中与"窗框 7"在 Y 轴上进行【中心】对齐，位置如图 1-108 所示。

　　（16）在前视图中创建一个【长度】、【宽度】分别为 2000 mm、1300 mm 的平面，并将其命名为"玻璃 7"，在顶视图中与"窗框 7"在 Y 轴上进行【中心】对齐，位置如图 1-109 所示，其窗体效果如图 1-110 所示。

　　（17）在前视图中【分离】出样条线，并将其命名为"窗框 8"，【轮廓】为 42，【挤出】数量 60，在顶视图中与"右墙体"在 Y 轴上进行【中心】对齐，位置如图 1-111 所示。

　　（18）在前视图中绘制三条二维线形将其【附加】并命名为"窗棱 8"，【轮廓】为 42，【挤出】数量 60，在顶视图中与"窗框 8"在 Y 轴上进行【中心】对齐，位置如图 1-112 所示。

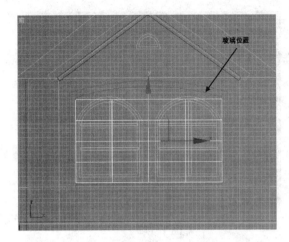

图 1-105

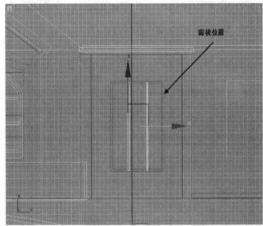

图 1-106

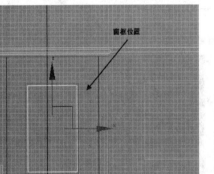

图 1-107

图 1-108

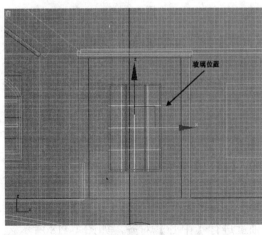

图 1-109

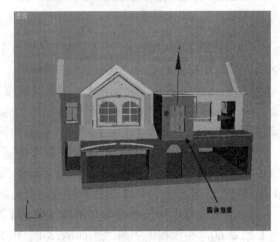

图 1-110

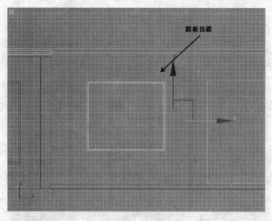

图 1-111

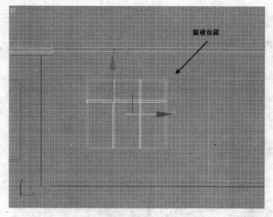

图 1-112

（19）在前视图中创建一个【长度】、【宽度】分别为 2000 mm、1700 mm 的平面，并将其命名为"玻璃 8"，在顶视图中与"窗框 8"在 Y 轴上进行【中心】对齐，位置如图 1-113 所示，其窗体效果如图 1-114 所示。

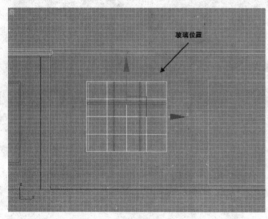

图 1-113

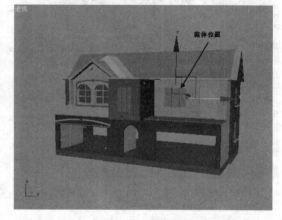

图 1-114

（20）在前视图中创建一个【长度】、【宽度】、【高度】分别为 2400 mm、140 mm、240 mm 的长方体，并将其命名为"窗柱"，位置如图 1-115 所示。

（21）在前视图中创建一个【长度】、【宽度】分别为 5240 mm、2400 mm 的矩形，将其命名为"装饰 9"，进入样条线层级，【轮廓】为 50，【挤出】数量 300，在顶视图中与"正面墙体 1"在 Y 轴上进行【最大】对齐，位置如图 1-116 所示。

（22）在前视图中创建一个【长度】、【宽度】分别为 2300 mm、1250 mm 的矩形，将其命名为"窗框 9"，进入样条线层级，【轮廓】为 50，【挤出】数量 60，在顶视图中与"正立面墙体 1"在 Y 轴上进行【中心】对齐，位置如图 1-117 所示。

（23）在前视图中创建四条二维线形将其【附加】并命名为"窗棱 9"，【轮廓】为 50，【挤出】数量 60，在顶视图中与"正面墙体 1"在 Y 轴上进行【中心】对齐，如图 1-118 所示。

（24）复制"窗框 9"和"窗棱 9"，如图 1-119 所示。

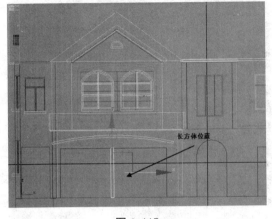

图 1-115

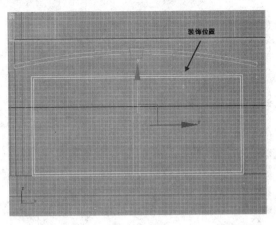

图 1-116

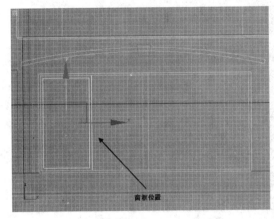

图 1-117

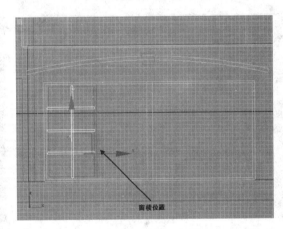

图 1-118

（25）在前视图中创建一个【长度】、【宽度】分别为 5240 mm、2400 mm 的平面，并将其命名为"玻璃 9"，与"装饰 9"在 X 轴和 Y 轴上进行【中心】对齐，在顶视图中与"正面墙体 1"在 Y 轴上进行【中心】对齐，效果如图 1-120 所示。

（26）在前视图中创建一个【长度】、【宽度】分别为 4800 mm、2400 mm 的矩形，将其命名为"装饰 10"，进入样条线层级，【轮廓】为 50，【挤出】数量 300，在顶视图中与"正面墙体 1"在 Y 轴上进行【中心】对齐，位置如图 1-121 所示。

（27）在前视图中创建一个【长度】、【宽度】分别为 2300 mm、1200 mm 的矩形，将其命名为"窗框 13"，进入样条线层级，【轮廓】为 50，【挤出】数量 60，在顶视图中与"正面墙体 1"在 Y 轴上进行【中心】对齐，位置如图 1-122 所示。

（28）在前视图中创建一个【长度】、【宽度】分别为 1100 mm、60 mm 的矩形，单击菜单栏上的【工具】→【阵列】，在弹出的对话框中输入 Y 增量 100，数量 21，如图 1-123 所示。选择其中一个矩形后进行【附加】操作，将其命名为"窗棱 13"，【挤出】数量 40，在顶视图中与"正面墙体 1"在 Y 轴上进行【中心】对齐，如图 1-124 所示。

（29）复制"窗框 13"和"窗棱 13"，如图 1-125 所示效果。

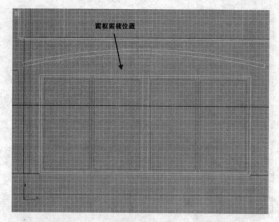

图 1-119

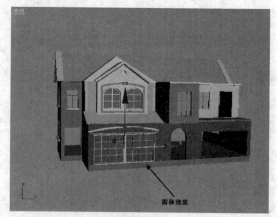

图 1-120

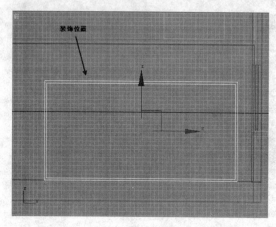

图 1-121

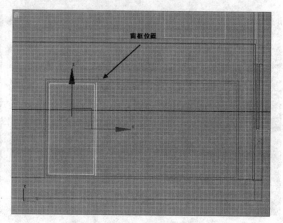

图 1-122

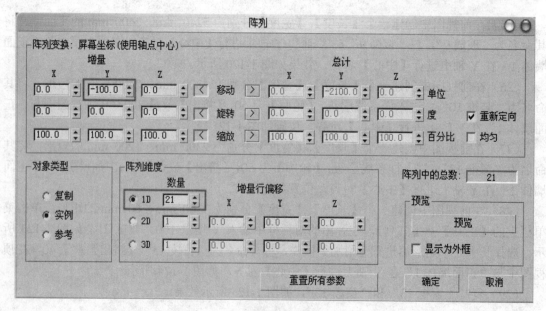

图 1-123

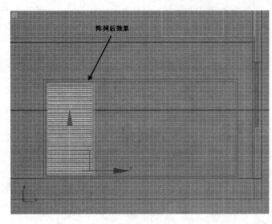

图 1-124

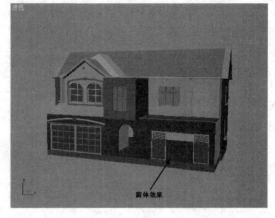

图 1-125

（30）在前视图中创建一个【长度】、【宽度】分别为 2300 mm、1150 mm 的矩形，将其命名为"窗框 14"，进入样条线层级，【轮廓】为 50，【挤出】数量 60，在顶视图中与"正面墙体 1"在 Y 轴上进行【中心】对齐，位置如图 1-126 所示。复制"窗框 14"到相应位置。

（31）在前视图中创建一个【长度】、【宽度】分别为 2300 mm、2300 mm 的平面，并将其命名为"玻璃 14"，在顶视图中与"正面墙体 1"在 Y 轴上进行【中心】对齐，效果如图 1-127 所示。

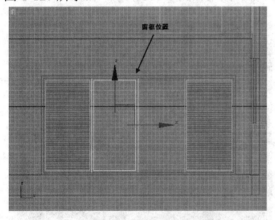

图 1-126

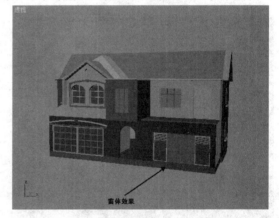

图 1-127

1.10 制作小门

（1）在前视图中创建一个【长度】、【宽度】分别为 2500 mm、1400 mm 的矩形，将其命名为"侧门框"，进入样条线层级，【轮廓】为 60，【挤出】数量 60，在顶视图中与"侧门墙"在 Y 轴上进行【中心】对齐，位置如图 1-128 所示。

（2）在前视图中创建一个【长度】、【宽度】、【高度】分别为 2500 mm、1400 mm、10 mm 的长方体，将其命名为"侧门"，与"侧门框"在 X 轴和 Y 轴上进行【中心】对齐，在顶视图中与"侧门墙"在 Y 轴上进行【中心】对齐，效果如图 1-129 所示。

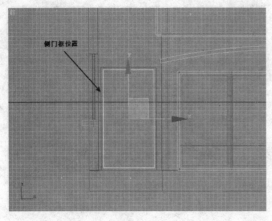

图 1-128

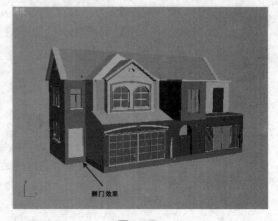

图 1-129

（3）在前视图中创建一个【长度】、【宽度】分别为 2500 mm、1500 mm 的矩形，将其命名为"二层门框"，进入样条线层级，【轮廓】为 60，【挤出】数量 60，在顶视图中与"右墙体"在 Y 轴上进行【中心】对齐，位置如图 1-130 所示。

（4）在前视图中创建一个【长度】、【宽度】、【高度】分别为 2500 mm、1500 mm、10 mm 的长方体，将其命名为"二层门"，与"二层门框"在 X 轴和 Y 轴上进行【中心】对齐，在顶视图中与"右墙体"在 Y 轴上进行【中心】对齐，效果如图 1-131 所示。

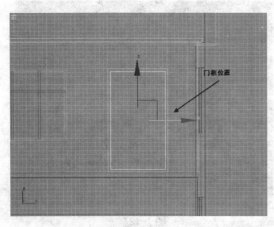

图 1-130

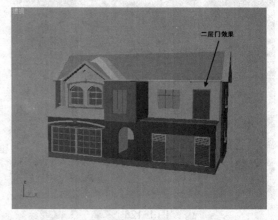

图 1-131

（5）在前视图中绘制二维线形，将其命名为"正门门框"，【轮廓】为-60，【挤出】数量 60，在顶视图中与"正面墙体 1"在 Y 轴上进行【中心】对齐，如图 1-132 所示。

（6）【分离】出"正门门框"，进入样条线层级，【轮廓】为-60，【挤出】数量 60，将其命名为"正门门"，如图 1-133 的效果。

（7）在顶视图中绘制如图 1-134 所示的二维线形，并将其命名为"屋瓦 5"。

（8）在前视图中绘制如图 1-135 所示的二维线形，并将其命名为"剖面"。

（9）选择"屋瓦 5"进入修改器列表下拉菜单中选择【倒角剖面】命令，单击参数卷展栏下的 拾取剖面 按钮，在视图中拾取"剖面"的二维线性。

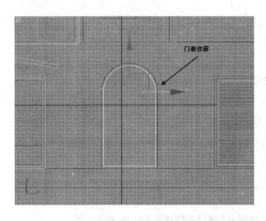

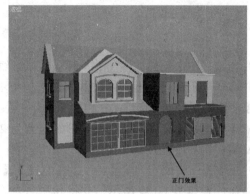

图 1-132

图 1-133

（10）在前视图中选择作为倒角剖面的"剖面"二维线形，在修改命令面板中单击选择卷展栏下的样【条线】按钮，进入样条线层级，选择整个样条线，单击几何体卷展栏下的 镜像 按钮，将样条线镜像，再关闭样条线层级。

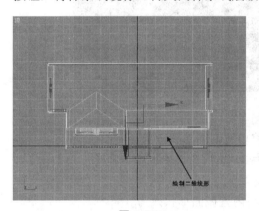

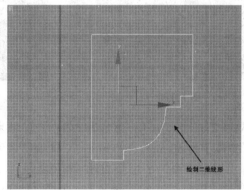

图 1-134

图 1-135

（11）利用移动工具，将倒角剖面后的"屋瓦 5"造型调整位置如图 1-136 所示，效果如图 1-137 所示。

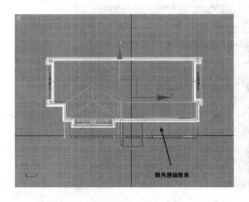

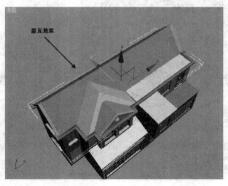

图 1-136

图 1-137

1.11　制作阳台

（1）在顶视图中创建如图 1-138 所示的二维线形，并将其命名为"阳台 1"。

（2）选择"阳台 1"进入修改器列表下拉菜单中选择【扫描】命令，在截面类型卷展栏下选中【使用内置截面】选项，在内置截面下拉菜单中选择 ▭ 通道 ▼ 命令，在参数卷展栏中【长度】、【宽度】、【高度】分别设置为 220 mm、90 mm、40 mm，在扫描参数卷展览中【X 偏移量】设置为 50。

（3）在顶视图中创建一个【长度】、【宽度】、【高度】分别为 2300 mm、6900 mm、60 mm 的长方体，位置如图 1-139 所示，并将其命名为"阳台 2"。

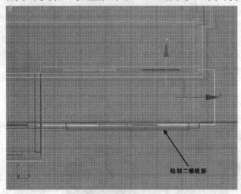

图 1-138　　　　　　　　　　　　　　图 1-139

（4）复制"阳台 1"，将其命名为"阳台 3"，再将内置截面形状改为 ▭ 条 ▼，【长度】、【宽度】为 50 mm、100 mm，X 轴偏移量为 0。然后在菜单栏中选择【工具】→【阵列】，在弹出选框中输入 Y 增量 200，阵列数量 4。

（5）复制"阳台 1"，将其命名为"阳台 7"，再将内置截面形状改为 ◠ 半圆 ▼，【半径】为 50，X 轴偏移量为 0，位置效果如图 1-140 所示。

（6）在前视图中创建一个【长度】、【宽度】、【高度】分别为 1000 mm、50 mm、50 mm 的长方体，将其命名为"阳台 8"，并复制两个，阳台效果如图 1-141 所示。

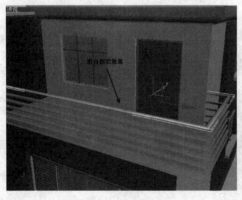

图 1-140　　　　　　　　　　　　　　图 1-141

1.12 制作大门及侧门

（1）在左视图中创建如图 1-142 所示的二维线形，并将其命名为"侧门 1"。【挤出】数量为 200，调整相应位置。

（2）在左视图中创建三个【长度】、【宽度】、【高度】分别为 1200 mm、240 mm、150 mm 的长方体，位置如图 1-143 所示。

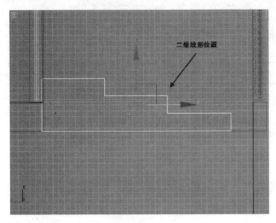

图 1-142

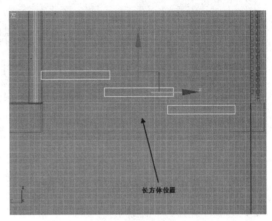

图 1-143

（3）在左视图中创建三个【长度】、【宽度】、【高度】分别为 1800 mm、1000 mm、150 mm，1800 mm、1300 mm、150 mm，1800 mm、1600 mm、150 mm 的长方体，位置如图 1-144 所示，侧门最终效果如图 1-145 所示。

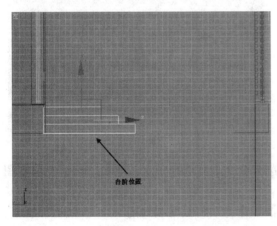

图 1-144

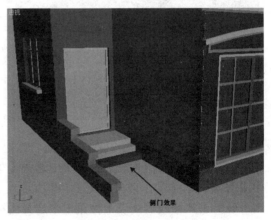

图 1-145

（4）将上面所做的物体保存为"别墅"，单击菜单栏中的【文件】→【新建】。

（5）在顶视图中创建一个【长度】、【宽度】、【高度】分别为 5500 mm、2850 mm、100 mm 的长方体，并将其命名为"正门 1"。单击菜单栏中的【工具】→【阵列】，在弹出的对话框中参数设置如图 1-146 所示，单击【确定】按钮进行确认。然后在工具栏中单击【对齐】按钮，将其他正方体在 Y 轴上与"正门 1"进行【最大】对齐，对齐后效果如图 1-147 所示。

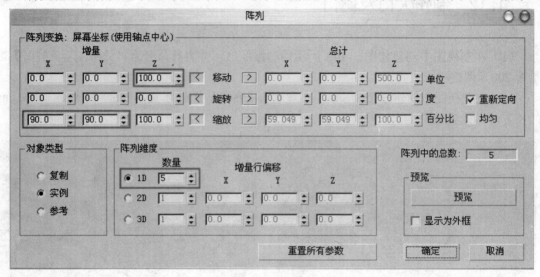

图 1-146

（6）在前视图中创建如图 1-148 所示的二维线形，高度约为 2700 mm，并将其命名为"正门 6"。

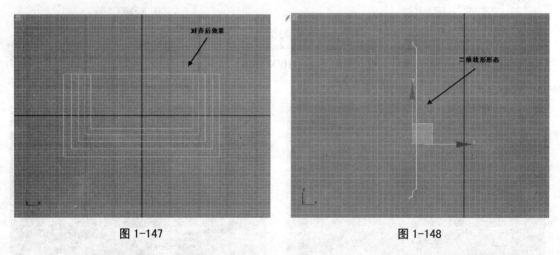

图 1-147　　　　　　　　　　　　　　　　　　图 1-148

（7）进入修改器列表下拉菜单中选择【车削】命令，并选择轴选项 ，然后在前视图中沿 X 轴向右拖动，效果如图 1-149 所示。

（8）进入修改器列表下拉菜单中选择【补洞】命令，将其两端封闭。

（9）复制"正门 6"，位置如图 1-150 所示。

（10）在前视图中创建如图 1-151 所示的二维线形，并将其命名为"正门 8"。

（11）进入修改器列表下拉菜单中选择【挤出】命令，数量为 1800，在顶视图中与"正门 1"在 Y 轴上进行【最大】对齐，效果如图 1-152 所示。

（12）在前视图中绘制二维线形如图 1-153 所示，并将其命名为"正门 9"。进入修改器列表下拉菜单中选择【挤出】命令，数量为 2000。然后在顶视图中与"正门 1"在 Y 轴上进行【最大】对齐。

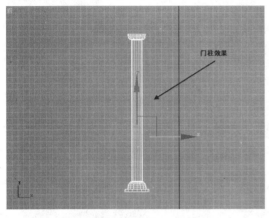

图 1-149

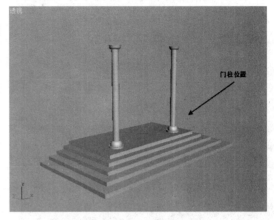

图 1-150

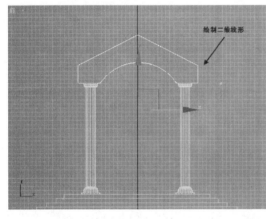

图 1-151

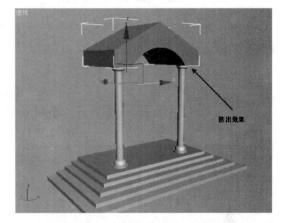

图 1-152

（13）选择"正门9"单击工具栏中的 （镜像）按钮，镜像轴为 X 并复制，如图 1-154 所示。调整镜像物体位置，效果如图 1-155 所示。

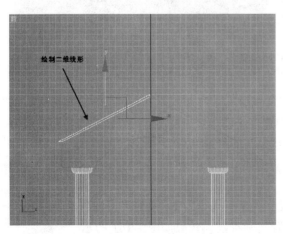

图 1-153

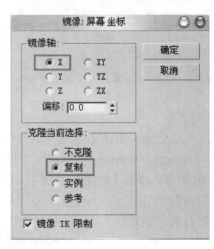

图 1-154

（14）在前视图中绘制如图 1-156 所示的二维线形，并将其命名为"正门 11"。

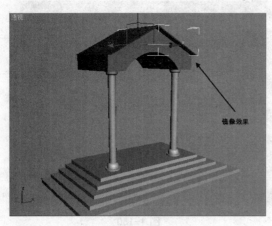

图 1-155

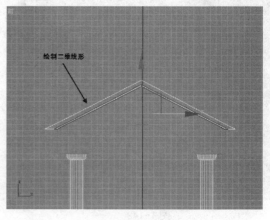

图 1-156

（15）进入修改器列表下拉菜单中选择【挤出】命令，数量为 300，在顶视图中与"正门 9"在 Y 轴上进行【最小】对齐。

（16）在前视图中绘制如图 1-157 所示的二维线形，并将其命名为"正门 12"。

（17）进入修改器列表下拉菜单中选择【挤出】命令，数量为 2100，在顶视图中与"正门 1"在 Y 轴上进行【最大】对齐。然后复制"正门 12"，效果如图 1-158 所示。

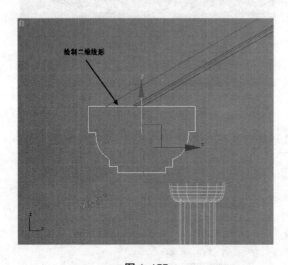

图 1-157

图 1-158

（18）在前视图中单击 管状体 按钮，创建一个【半径 1】、【半径 2】、【高度】分别为 220 mm、160 mm、400 mm 的管状体，将其命名为"正门 14"。再在前视图中创建三个矩形，如图 1-159 所示，将其【附加】后，【挤出】数量为 400，命名为"正门 15"，效果如图 1-160 所示，并保存为"正门"。

（19）打开"别墅"文件在菜单栏中选择【文件】→【合并】，找到"正门"文件打开，选择"正门"中所有物体，将其合并，调整位置，别墅建模效果如图 1-161 所示。

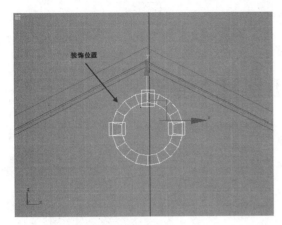

图 1-159

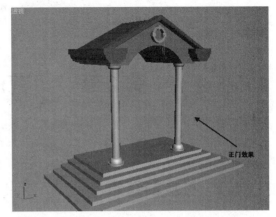

图 1-160

图 1-161

第 2 章 "荒山别墅"渲染

2.1 材质编辑器

在工具栏中单击 按钮,在弹出的对话框中选择一个空白示例球,将其命名为"底面",单击 Standard 按钮在右边弹出的对话框中选择 ●建筑 进行双击,点击【漫反射贴图】后面的按钮,找到文件 MA02 并打开,【漫反射颜色】调为白色,如图 2-1 所示。选择"底面"后单击 按钮。

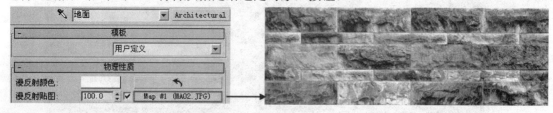

图 2-1

2.2 材质参数设置

(1) 如果透视图中没有显示所给出的材质,那么单击 按钮。

(2) 选择"底面"进入修改器列表下拉菜单中选择【SVW 贴图】命令,参数设置如图 2-2 所示,"底面"效果如图 2-3 所示,凹凸 70 贴图,材质球如图 2-4 所示。可以单击 按钮,来查看材质的渲染效果。

(3) 使用相同的方法给其他物体添加材质。

(4) 屋顶:漫反射颜色贴图、凹凸 200 贴图、高光级别 10、光泽度 10,效果如图 2-5 所示。

(5) 墙体:漫反射颜色贴图、凹凸 50 贴图、高光级别 25、光泽度 20,效果如图 2-6 所示。

(6) 玻璃:环境光 RGB25、60、87,漫反射 RGB137、179、211,过滤 RGB128、151、178,不透明度 25,高光级别 120、光泽度 25,效果如图 2-7 所示。

单击右边的 ![] 按钮,即可得到如图 2-7 所示的网格背景。一般做玻璃材质的时候都选用这种背景。

(7) 顶墙:漫反射颜色贴图、高光级别 10、光泽度 10,效果如图 2-8 所示。

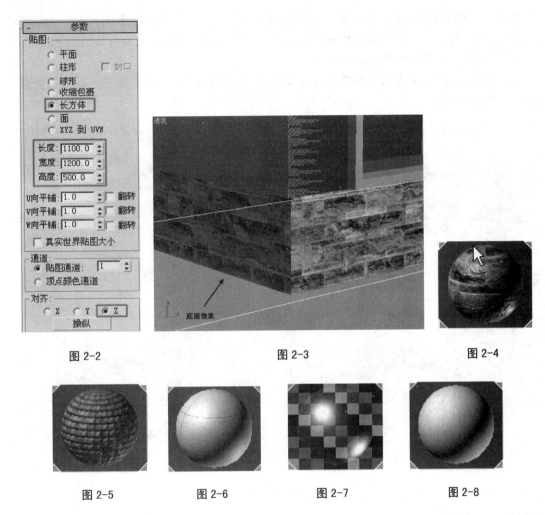

图 2-2 图 2-3 图 2-4

图 2-5 图 2-6 图 2-7 图 2-8

（8）窗台：环境光、漫反射 RGB237、237、237，高光级别 10、光泽度 10，效果如图 2-9 所示。

（9）窗框、窗棱、部分装饰：环境光、漫反射为白色，高光级别 10、光泽度 10，效果如图 2-10 所示。

（10）阳台、百叶窗：环境光、漫反射 RGB254、255、206，高光级别 10、光泽度 50，效果如图 2-11 所示。

（11）正门：漫反射贴图，效果如图 2-12 所示。

（12）侧门：漫反射贴图，效果如图 2-13 所示。

图 2-9 图 2-10 图 2-11 图 2-12 图 2-13

　　UVW 贴图可以根据渲染出来的效果决定【长度】、【宽度】、【高度】的大小，大家可以自行调试。这些参数还有贴图也可以根据自己的喜好来调整，建议边渲染看效果边更改数值。

　　（13）别墅效果渲染如图 2-14 所示。

　　也可以单击菜单栏中的【渲染】→【环境】，在弹出的对话框中使用贴图，在背景里面放上自己喜欢的贴图。

图 2-14

第3章 "荒山别墅"场景制作

3.1 场景绘制

（1）分别在顶视图中创建两个大平面，一个作为地面，另一个作为水面。

（2）其中作为水面的那个平面，在【参数】卷展栏下设置【长度分段】、【宽度分段】分别为100、400，如图3-1所示。

（3）进入修改器列表下拉菜单中选择【噪波】命令，【强度】、【动画】参数设置如图3-2所示，当选择【动画噪波】后将自行生成动画。

● 上述参数都可根据需要自行设置。

（4）单击 (时间配置) 按钮，在弹出的对话框中设置参数如图3-3所示。

● 帧数比长度多1。

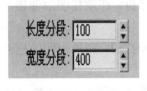

图 3-1

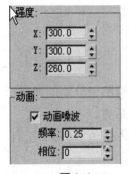

图 3-2

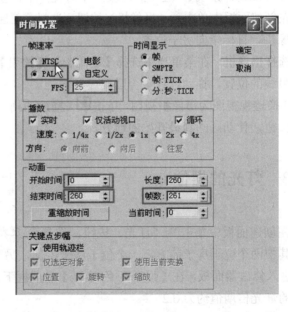

图 3-3

（5）在房子周围及公路两侧放一些植物，比如说树。在创建面板中选择 AEC 扩展 卷展栏中的植物，放上一些自己喜欢的植被。植被不宜过多，因为会使渲染输出 avi 文件的时间比较长。

（6）单击 球体 按钮，在顶视图中绘制一个球体，公路及房子都放在球体内，球体将作为背景。

（7）打开【材质编辑器】，分别给两个平面和球体附着材质。

地面：高光级别 5、光泽度 15、凹凸 50，效果如图 3-4 所示。

水面：高光级别 5、光泽度 10、凹凸 50，效果如图 3-5 所示。

球体：高光级别 0、光泽度 2、自发光 100，勾选 选项，效果如图 3-6 所示。

  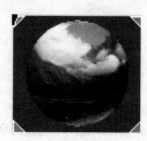

图 3-4   图 3-5   图 3-6

3.2　摄像机的架设

（1）单击 弧 按钮，在顶视图中绘制一弧，作为摄像机的运动路径。单击右键【转换为】→【可编辑样条线】，进入点层级，在前视图中调整点的位置。

（2）在创建面板中单击 （摄像机）按钮，选择 目标 摄像机，在顶视图中创建一个目标摄像机，目标指向房子位置。

（3）选择摄像机，在菜单栏中选择【动画】→【约束】→【路径约束】，在顶视图中拖动摄像机到弧线的位置，拖动过程中会出现虚线。

（4）切换透视视图为摄像机视图，单击 （播放动画）按钮，查看动画效果，单击 （转至开头）按钮，使动画回到最开始的地方。

3.3　灯光的摆位

（1）在创建面板中单击 （灯光）按钮，选择 泛光灯 ，在顶视图中分别创建四个泛光灯，其中两个位于房子前方，一个位于房子内部，另一个位于房子后方。

（2）进入修改器面板，在【强度/颜色/衰减】卷展栏下【倍增】后输入数值 0.6~0.7 左右，房子内部的灯光倍增值约为 0.2。

（3）在顶视图中选择房子左前方的那盏泛光灯，进入修改器面板，在【阴影】卷展栏下勾选启用，在下面的选项中选择【区域阴影】，如图 3-7 所示。

（4）进入修改器面板，在【区域阴影】卷展栏下的基本选项中选择【长方形灯光】，如图 3-8 所示，区域灯光尺寸中输入相应数值，如图 3-9 所示。

区域灯光尺寸的值越大，高斯模糊的系数就越高，输出 avi 文件的时间就会越长。

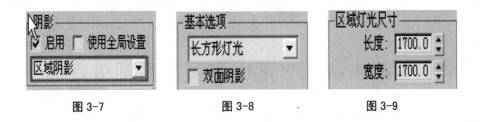

图 3-7 图 3-8 图 3-9

3.4 渲染动画的输出

（1）单击主工具栏下的 （渲染场景对话框）按钮，在【时间输出】选项中选择活动时间段 0 到 260，如图 3-10 所示。

（2）在【渲染输出】选项中勾选保存文件，再单击后面的【文件...】按钮，把输出的文件保存到想要保存的位置，如图 3-11 所示。

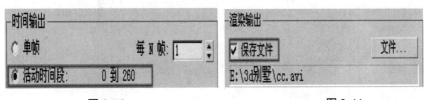

图 3-10 图 3-11

第4章 "荒山别墅"后期处理

4.1 背景的处理

（1）启动 Photoshop CS3，打开文件"荒山别墅.jpg"，如图 4-1 所示。双击图层面板中的背景层，弹出如图 4-2 所示的对话框，然后单击【确定】按钮。

图 4-1

（2）打开"背景.bmp"文件，单击工具箱中的 ⊕ （移动）工具，将"背景.jpg"直接拖移至"荒山别墅.jpg"，生成"图层 1"，【Ctrl+T】自由变换命令，调整"图层 1"的大小和位置。调整图层位置，使"图层 1"在"图层 0"的下方。

（3）选择"图层 0"，单击 （磁性套索）工具，选择如图 4-3 所示的部分，右键【Feather】（羽化），羽化值约为 2，然后按下【Delete】键，效果如图 4-4 所示。按【Ctrl+D】键取消选择。

图 4-2

图 4-3

图 4-4

在使用【磁性套索】工具过程中，用【Backspace】键可以删除前面一个套索点。如果觉得不满意，也可以使用【矩形选框】工具按住【Shift】或【Alt】键进行修补。删除不要的部分后也可以用【橡皮擦】或【历史画笔】工具进行修补。

（4）打开"草地.jpg"文件，使用移动工具将其直接拖移至"荒山别墅.jpg"，生成"图层 2"，自由变换图层大小位置后，调整图层至"图层 0"与"图层 1"之间。

（5）选择"图层 0"，使用磁性套索工具圈选草地，右键进行【羽化】，羽化值约为 2，如图 4-5 所示。

（6）单击右键选择【通过拷贝的图层】，自动生成"图层 3"。按住【Ctrl】键单击"图层 3"，将其载入"图层 3"的选区，选择"图层 0"按【Delete】键删除草地，选择"图层 3"修改透明度为 50%，效果如图 4-6 所示。

（7）在"图层 3"上单击右键，选择【复制图层】，在弹出对话框中单击【确定】按钮，生成"图层 3 副本"，将"图层 3 副本"移至"图层 3"下方。

（8）载入"图层 3 副本"选区，单击 （渐变）工具选择 ▭▾（线性渐变），选择所需要的绿色，如图 4-7 所示，然后进行填充，并设置图层透明度为 50%，如图 4-8 所示。

图 4-5

图 4-6

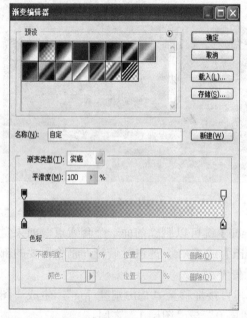

图 4-7

图 4-8

4.2 颜色调整

（1）选择"图层 0"单击（魔棒）工具，选择屋檐比较亮的那一部分，右键羽化，羽化值为 2，单击菜单栏中的【图像】→【调整】→【曲线】，在弹出的对话框中设置曲线如图 4-9 所示。

（2）对台阶比较亮的部分也做如步骤（1）操作，效果如图 4-10 所示。

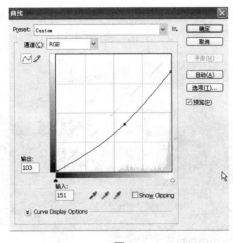

图 4-9　　　　　　　　　　　　　　　图 4-10

对房子其他部分也可以做前面所讲到的渐变效果，使别墅立体感更强。

4.3　配景的制作

（1）打开"灌木 1.jpg"文件，使用移动工具将其直接拖移至"荒山别墅.jpg"，生成"图层 4"，自由变换图层大小位置，如图 4-11 所示。

（2）打开"背景树 1.jpg"文件，使用移动工具将其直接拖移至"荒山别墅.jpg"，生成"图层 5"，自由变换图层大小位置，如图 4-12 所示。

图 4-11　　　　　　　　　　　　　　图 4-12

用【橡皮擦】工具擦去多余的部分，使用【自由变换】的过程中可以按住【Ctrl】键，缩小某一个点。选择菜单栏中的【图像】→【调整】→【色彩平衡】，可对树的色彩进行调整。

（3）打开"背景树 2.jpg"文件，使用移动工具将其直接拖移至"荒山别墅.jpg"，生成"图层 6"，自由变换图层大小位置，如图 4-13 所示。【自由变换】过程中可以单击右键进行【水平翻转】。

（4）打开"背景树 3. jpg"文件，使用移动工具将其直接拖移至"荒山别墅. jpg"，生成"图层 7"，自由变换图层大小位置，将"图层 7"放在"图层 0"下面，如图 4-14 所示。

图 4-13　　　　　　　　　　　　图 4-14

（5）打开"背景树 4. jpg"文件，使用移动工具将其直接拖移至"荒山别墅. jpg"，生成"图层 8"，自由变换图层大小位置，如图 4-15 所示。

（6）用同样的方法分别打开"灌木 2. jpg"、"背景树 5. jpg"， 使用移动工具将其直接拖移至"荒山别墅. jpg"，生成"图层 9"和"图层 10"，自由变换图层大小位置，如图 4-16 所示。

图 4-15　　　　　　　　　　　　图 4-16

（7）用同样的方法分别打开"人物 1. jpg"、"人物 2. jpg"，使用移动工具将其直接拖移至"荒山别墅. jpg"，生成"图层 11"和"图层 12"，自由变换图层大小位置。

（8）复制"图层 12"生成"图层 12 副本"，选择"图层 12"，单击菜单栏中的【图像】→【调整】→【色相/饱和度】，将明度调整为-100，如图 4-17 所示。

（9）【自由变换】影子角度，更改透明度为 50%，单击菜单栏中的【滤镜】→【模糊】→【高斯模糊】，使影子有模糊的感觉，如图 4-18 所示。

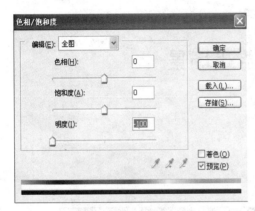

图 4-17 图 4-18

（10）选择"图层 0"单击右键【复制图层】，将其复制为"图层 0 副本"，将其放置于所有图层之上。使用【自由变换】使其【垂直翻转】，调整位置后，将多余的部分用【橡皮擦】工具擦除。调整图层透明度为 30%，如图 4-19 所示。

（11）选择菜单栏中的【滤镜】→【模糊】→【高斯模糊】，使倒影有模糊的感觉，半径约为 2.5，如图 4-20 所示。

图 4-19 图 4-20

（12）选择菜单栏中【文件】→【储存】，将文件保存为 .psd 格式的文件。再将其保存为.jpg格式的文件。

案例二　游戏场景

游戏场景案例效果图

学习指导

1. 掌握建筑建模的技巧和 UVW 展开贴图技巧。
2. 掌握树木的建模和 UVW 展开贴图技巧。
3. 掌握地形的建模和贴图技巧。
4. 会在场景中添加合适的光源和摆设摄像机。
5. 了解路径约束动画。
6. 掌握动画的渲染输出。

第 5 章　瞭望楼的制作

本章主要讲解场景中瞭望楼的制作过程，包括建模和材质制作两个方面。瞭望楼的建模采用常用的编辑多边形（Edit Poly）建模方法，大量使用了多边形命令来修改模型。材质制作采用了 UVW 展开技术，并通过 Photoshop 绘制贴图。

5.1　瞭望楼模型的创建

（1）单位设置。查看参考图，根据设定分析模型的大小和制作思路，然后打开 3Ds Max 设置系统单位。单击菜单自定义，在下拉菜单中选择单位设置，如图 5-1 所示。弹出单位设置面板，如图 5-2 所示。

图 5-1

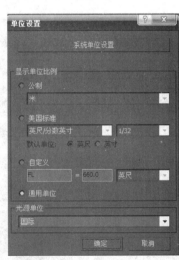

图 5-2

将显示单位比例调整为公制毫米，如图 5-3 所示。点击系统单位设置按钮，将系统单位比例也调整为毫米，如图 5-4 所示，点击【确定】按钮，退出单位设置面板。

（2）创建长方体（box）对象，其参数及效果如图 5-5 所示。按下【F4】键，显示长方体线框。选择长方体，右键选择【转换为】可编辑多变形，如图 5-6 所示。

（3）调整建筑结构整体形状。进入多边形子对象层级选择顶点，如图 5-7 所示，在前视图中，用【缩放】工具调整长方体中间两排顶点，并用【移动】工具将顶点沿着 Y 轴向上移动。效果如图 5-8 所示。

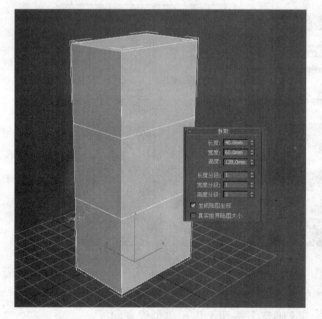

图 5-5

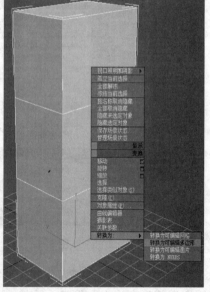

图 5-6

（4）门的制作。进入多边形子对象层级选择边，如图 5-9 所示。选择命令面板中的【连接】，如图 5-10 所示。点击【连接】旁边的按钮，显示连接参数设置面板，如图 5-11 所示。设置参数分段值为 2，收缩值为 15，滑块值为 0，如图 5-12。

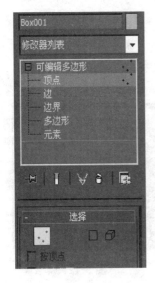

图 5-7

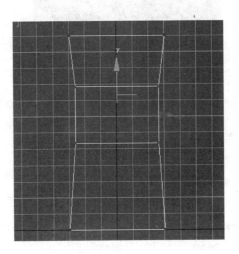

图 5-8

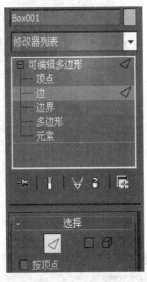

图 5-9

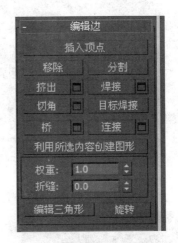

图 5-10

　　选择新生成的两条边再次使用【连接】命令，如图 5-13 所示，调整收缩值和滑块值使得再次连接生成的线段位置如图 5-14 所示。

　　为了创建拱形门，再次使用【连接】命令，分段值为 4，收缩值为 0，滑块值为 0，如图 5-15 所示。进入多边形子对象层级选择顶点，用移动工具调整点成拱形状，如图 5-16 所示。

　　进入多边形子对象层级选择多边形，如图 5-17 所示。选择要制作门的多边形，如图 5-18 所示。

　　使用命令面板中的【插入】命令，点击【插入】命令后面的按钮，如图 5-19 所示。在弹出的参数面板中设置插入方式为组，插入数量如图 5-20 所示。

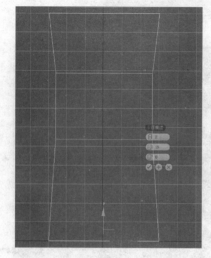

图 5-11

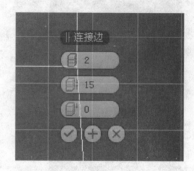

图 5-12

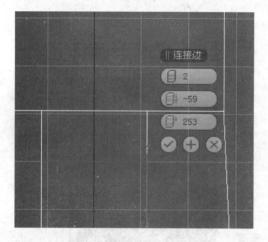

图 5-13

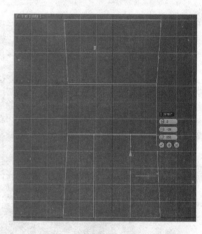

图 5-14

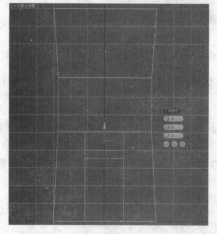

图 5-15

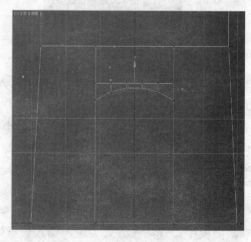

图 5-16

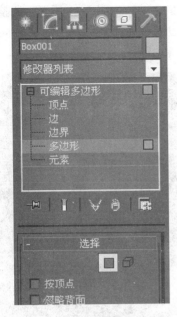

图 5-17

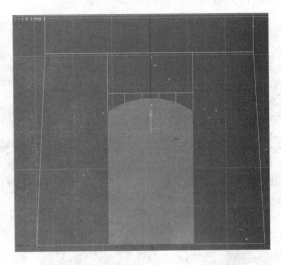

图 5-18

图 5-19

图 5-20

进入多边形子对象层级选择边，选择插入后形成的面的下边，如图 5-21 所示。调整移动工具的坐标系为局部坐标系，如图 5-22 所示。将选择的边沿着局部坐标系中的 Z 轴向上移动，为做台阶做准备，如图 5-23 所示。

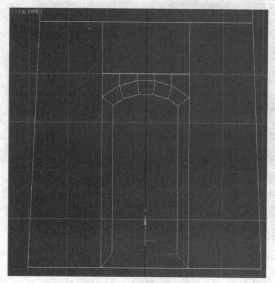

图 5-21   图 5-22

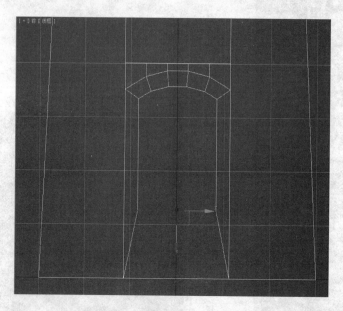

图 5-23

进入多边形子对象层级选择多边形，选择门位置的多边形，如图 5-24 所示。命令面板中选择【挤出】，点击【挤出】命令后面的按钮，如图 5-25 所示，弹出挤出参数设置面板，选择挤出方式为组，挤出数量为-5，如图 5-26 所示。点击【确定】后生成效果如图 5-27 所示。

图 5-24

图 5-25

图 5-26

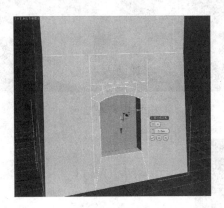
图 5-27

在多边形子对象层级选择顶点，选择门上方顶点，在前视图中，用工具栏中【放缩】
工具沿 X 轴调整，使这些顶点在 Y 轴方向上对齐，如图 5-28 所示。

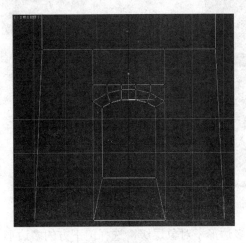
图 5-28

在多边形子对象层级中选择多边形，选择门上方两个小面，如图 5-29 所示。右方命令面板中选择【倒角】旁边的按钮，如图 5-30。在倒角参数面板中选择倒角方式为组，高度为 0.2 mm，插入量为-0.2 mm，效果如图 5-31 所示，以此形成门上方砖块牌匾。

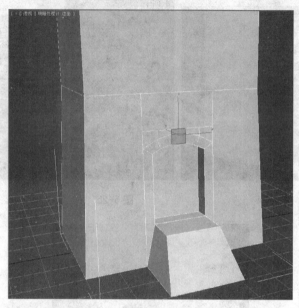

图 5-29

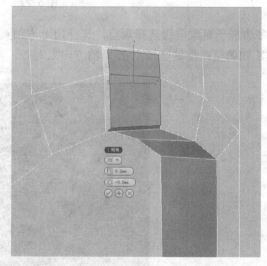

图 5-30   图 5-31

（5）台阶的制作。在多边形子对象层级，选择门下方的多边形，使用【挤出】命令，设置挤出数量为 10，效果如图 5-32 所示。

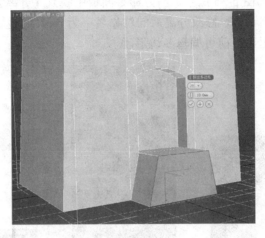

图 5-32

在多边形子对象层级中选择顶点，选择【移动】工具，修改移动工具坐标系为视图坐标系，在左视图中用移动工具选择台阶下方顶点沿 X 轴移动，形成坡状，如图 5-33 所示。

图 5-33

在多边形子对象层级中选择多边形，将建筑体底部的面全部删除，以节省面数，如图 5-34 所示。

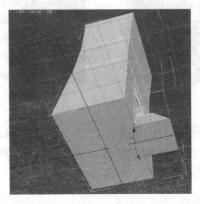

图 5-34

（6）建筑主体结构上部分模型，首先分离面，在多边形子对象层级中选择多边形，选择长方体顶部的多边形，如图 5-35 所示。右方命令面板中找到【分离】命令，如图 5-36 所示。点击命令弹出【分离】对话框，修改分离后的对象名字为 top，其他不做选择，直接点击【确定】，如图 5-37 所示。退出当前可编辑多边形。

图 5-35　　　　　　　　　　　图 5-36　　　　　　　　　图 5-37

（7）挤出基本形状。选择 top 对象，用【缩放】工具同时沿着 X、Y、Z 三个轴放大该对象，效果如图 5-38 所示。在该对象的可编辑多边形子对象层级中选择多边形，透视图中选择仅有的这个多边形，命令面板中选择【挤出】旁边的设置按钮，设置挤出数量为 10 mm，效果如图 5-39 所示。

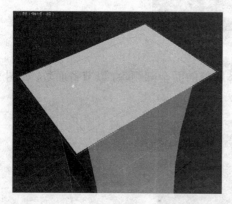

图 5-38　　　　　　　　　　　　　　　　图 5-39

保持 top 对象被选中状态，鼠标右键单击，弹出四元菜单，在其中选择【隐藏未选定对象】，如图 5-40 所示，将下半部分结构体隐藏。旋转透视图使能看到 top 的底，更改多边形子对象层级为边界，选择开口的底边界，如图 5-41 所示。

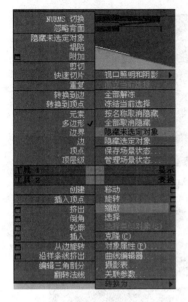

图 5-40

图 5-41

选择命令面板中的【封口】，闭合该对象的下表面，如图 5-42 所示。

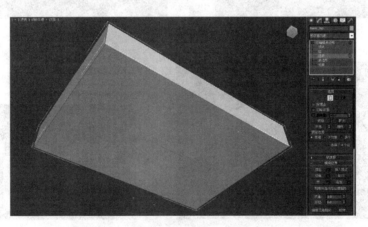

图 5-42

（8）制作柱子。在可编辑多边形子对象层级中选择边，选择底面中较长的两条边，右方命令面板中选择【连接】，连接分段数为 5，得到如图 5-43 所示效果。再次选择如图 5-44 所示多条边，使用【连接】命令，设置分段数为 3，得到如图 5-45 所示网格状。

在可编辑多边形子对象层级中选择多边形，选择如图 5-46 所示的多边形，命令面板中选择【挤出】，设置挤出方式为按多边形，如图 5-47，挤出数量为 3.0 mm。

保持上步挤出的面全部被选中状态，选择工具栏上【选择并均匀缩放】工具，缩放挤出的多边形，效果如图 5-48 所示。保持多边形仍然被选中，右方命令面板中选择【倒角】后面的设置按钮，在打开的倒角参数设置面板中选择倒角方式为组，高度为 2.34 mm，轮廓为-0.5 mm，如图 5-49 所示。

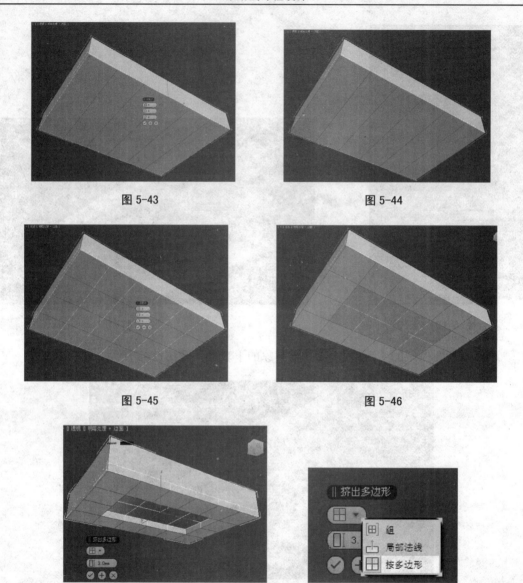

图 5-43

图 5-44

图 5-45

图 5-46

图 5-47

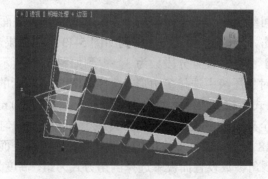

图 5-48

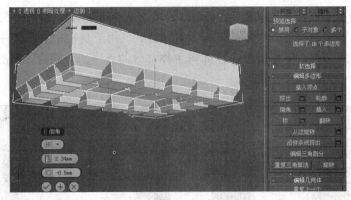

图 5-49

　　上述多边形仍然被选中，命令面板中选择【挤出】，如图 5-50 所示。为了更好地控制柱体长度，需要将隐藏起来的下半部分显示，鼠标右键弹出四元菜单，其中选择【全部取消隐藏】，如图 5-51 所示。

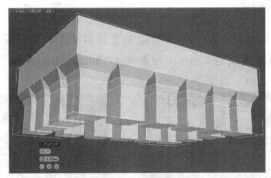

图 5-50

图 5-51

工具栏中选择【选择并移动】，将多边形沿着 Z 轴向下移动，如图 5-52 所示。转换可编辑多边形子对象层级为顶点，选择最下方所有顶点，使用工具栏中【选择并均匀缩放】，在三个轴方向同时缩放顶点，使得挤出的柱体向主体部分的下半部分贴合，如图 5-53 所示。最后将柱体被遮挡看不到的面全部删除。

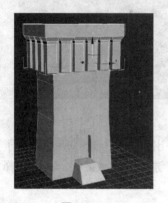 

图 5-52　　　　　　　　　　　　　　　图 5-53

（9）制作垛口。可编辑多边形子对象层级中选择多边形，选择最上方多边形，命令面板中选择【倒角】，设置倒角高度为 1 mm，轮廓为 1.5 mm，如图 5-54 所示。再次【倒角】，高度为 1 mm，轮廓为-1.5 mm，如图 5-55 所示。

图 5-54　　　　　　　　　　　　　　　图 5-55

将可编辑多边形子对象层级选择为边，选择上表面中较长的两条边，命令面板中选择【连接】，设置分段为 6，得到如图 5-56 效果。选择最外层两边的多边形的上下两个边再次【连接】，设置分段为 1，得到如图 5-57 效果。

图 5-56　　　　　　　　　　　　　　　图 5-57

选择如图 5-58 所示的边，再次【连接】，分段为 4，如图 5-59 所示。选择如图 5-60 所示的边，【连接】边，设置分段为 1，得到如图 5-61 所示效果。

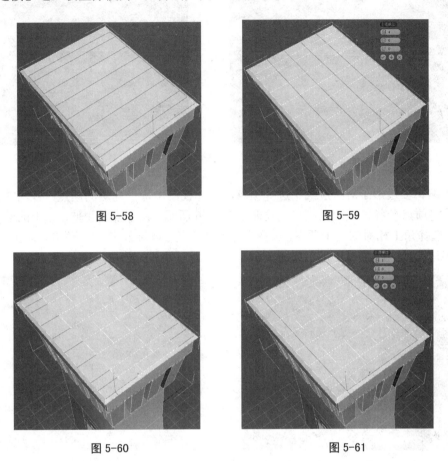

图 5-58　　　　　　　　　　　　　　　　图 5-59

图 5-60　　　　　　　　　　　　　　　　图 5-61

可编辑多边形子对象层级中选择多边形，选择如图 5-62 所示多边形，使用可编辑多边形命令面板中的【挤出】，设置挤出方式为组，数量为 10，如图 5-63 所示。再次选择如图 5-64 所示多边形【挤出】，设置数量为 4，如图 5-65 所示。

图 5-62

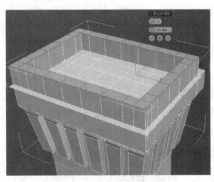

图 5-63

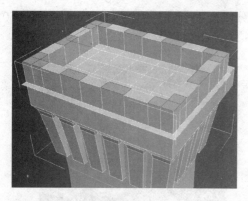

图 5-64　　　　　　　　　　　　　　　　　图 5-65

在可编辑多边形子对象层级中选择顶点，选择视图中垛口内层的顶点，并用【选择并移动】工具将顶点沿着 Z 轴向上稍移，效果如图 5-66 所示。由于点的拉伸，角上的面产生了褶皱，因此选择角上相对的两个顶点，选择命令面板中的【连接】，将两个顶点之间生成一条边，不规则多边形成为两个三角形，如图 5-67 所示。同理处理另外三个角上的多边形。

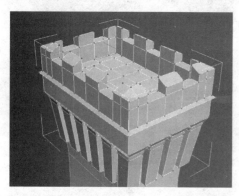

图 5-66　　　　　　　　　　　　　　　　　图 5-67

（10）清理多余边。为了尽可能地加快渲染速度需要控制面数，因此将模型中非必要边进行清除。选择多边形中可以移除的边，在右方命令面板中选择【移除】，如图 5-68，效果如图 5-69 所示。

（11）探视洞。在可编辑多边形子对象层级中保持边选择，选择如图 5-70 所示两条边，命令面板中使用【连接】，并设置连接分段为 1。选择如图 5-71 所示两条边，再次使用【连接】命令，连接分段为 1。

修改可编辑多边形子对象层级为顶点，选择连接生成的两条边的交点，点击右方命令面板中【切角】后面的设置按钮，在弹出的切角设置面板中调整切角数量，生成一个三角形面，如图 5-72 所示。

在可编辑多边形子对象层级中调整为边，选择三角形两个边，使用【连接】命令，设置连接分段为 2，如图 5-73 所示。再次进入子对象层级中的顶点，在前视图调整顶点位置如图 5-74 所示。

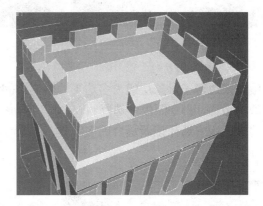

图 5-68   图 5-69

图 5-70   图 5-71

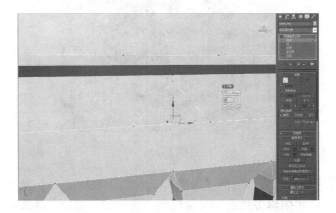

图 5-72

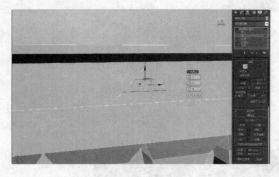
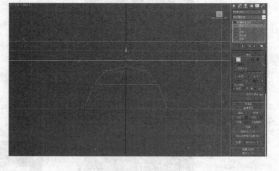

图 5-73 图 5-74

调整可编辑多边形子对象层级为多边形，将洞口的三个面删掉，然后将可编辑多边形子对象层级修改为边界，命令面板中选择封口，洞口形成一个完整的面，如图 5-75 所示。然后在多边形子对象层级中选择该新缝合的多边形，命令面板中使用【插入】，形成洞口墙沿，如图 5-76 所示。

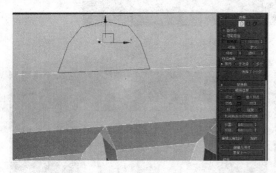
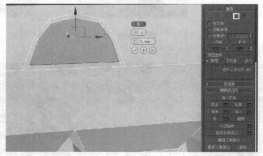

图 5-75 图 5-76

选择洞口边缘多边形【挤出】墙边沿，并将洞口面删除，得到最终效果如图 5-77 所示。

图 5-77

（12）在左视图中创建长方体，高度分段为 2，如图 5-78 所示。选中该长方体，将其转换为可编辑多边形，在可编辑多边形子对象层级中选中边，将长方体顶面中间的边沿 Z 轴向上移动，形成房屋屋顶，如图 5-79 所示。

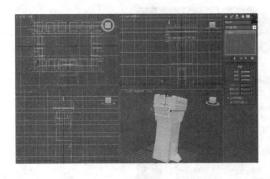

图 5-78

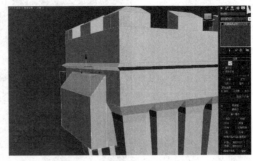

图 5-79

　　将长方体屋顶嵌入墙内的多边形删除。选择屋顶多边中剩下的一半，在右方命令面板中选择【分离】，弹出分离命令面板，勾选【分离到元素】选项后点击确定，如图 5-80 所示。选择可编辑多边形子层级对象中的元素，选择刚被分离出来的屋顶元素，用工具栏上的【选择并均匀缩放】将面放大，并调整到合适位置，如图 5-81 所示。

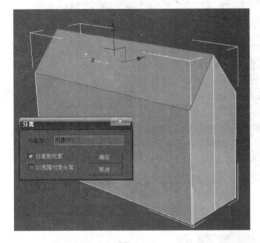

图 5-80

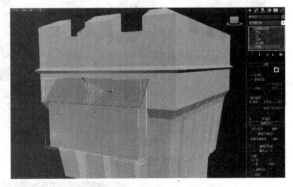

图 5-81

　　（13）在视图中创建三个长方体充当小房子下的支架。如图 5-82 所示。
　　（14）帐篷模型。在主体结构上方创建长方体，高度分段为 2，如图 5-83 所示。将长方体转换为可编辑多边形，进入多变性子对象层级，将长方体侧面和底面的多边形删去，如图 5-84 所示。
　　在可编辑多边形子对象层级中选择顶点，在透视图中选择长方体顶部两个点，同时按下【Ctrl+Alt+C】进行【塌陷】，同理顶部右侧两个顶点也进行塌陷，得到如图 5-85 所示效果。在左视图和前视图中选择中间所有顶点，使用工具栏上【选择并缩放】工具调整形状，如图 5-86 所示。
　　在可编辑多边形子对象层级中选择边，选择帐篷多边形顶部的边，命令面板中使用【挤出】，设置挤出高度为 7，基面宽度为 0，如图 5-87 所示。

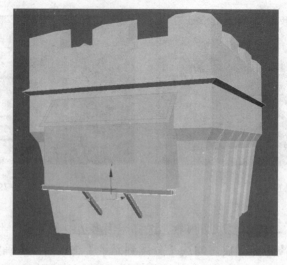

图 5-82

图 5-83

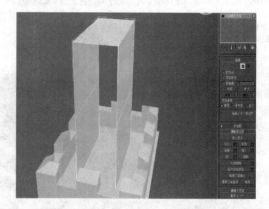

图 5-84

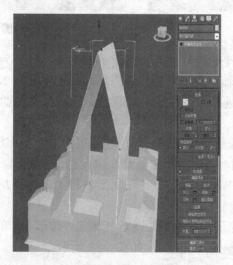

图 5-85

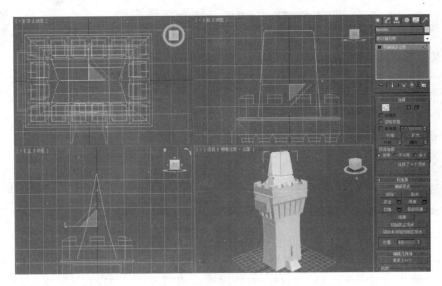

图 5-86

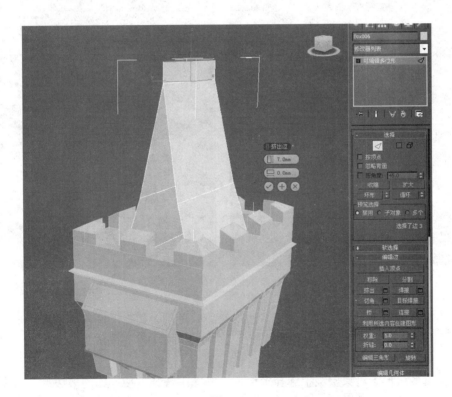

图 5-87

（15）兵器模型。在视图中创建长方体，大小和位置如图 5-88 所示。将长方体转换为可编辑多边形，选择子对象层级中的多边形，选择顶部多边形，命令面板中【倒角】三次，形成如图 5-89 所示效果。将该模型的底面删除，以减少面数。最后将该对象以实例方式克隆 3个，分别放在瞭望楼另外三个角上。

图 5-88

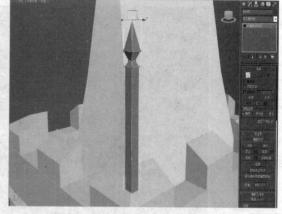

图 5-89

（16）装饰模型。在顶视图创建圆柱体，设置高度分段为 3，边数为 8，如图 5-90 所示。将圆柱体转换为可编辑多边形，选择子对象层级中的顶点，调整顶点的位置如图 5-91 所示。

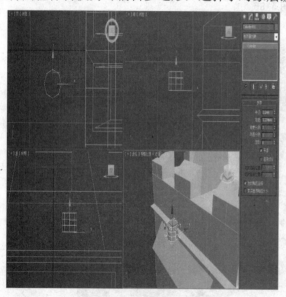

图 5-90

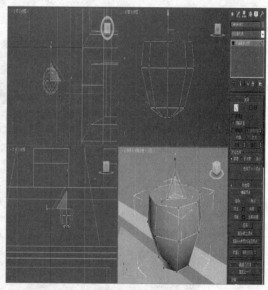

图 5-91

在可编辑多边形子对象层级中选择多边形，删除顶部多边形，选择底部多边形使用【挤出】命令挤出两次，并且将底部所有顶点使用【Ctrl+Alt+C】键塌陷成为一个顶点，如图 5-92 所示效果。

在可编辑多边形子对象层级中选择多边形，视图中选择方便操作的多边形，命令面板中选择【插入】，如图 5-93 所示。使用【挤出】命令挤出插入后生成的多边形，并且将该对象旋转和移动至合适位置，如图 5-94 所示。将该对象以实例方式克隆三个，分别放置于小房子上方两个，楼门两边两个，整个瞭望楼效果如图 5-95 所示。

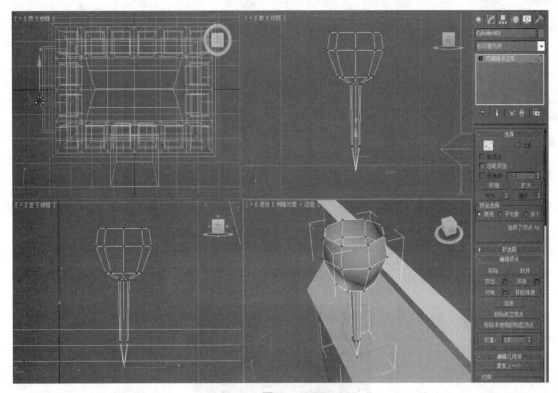

图 5-92

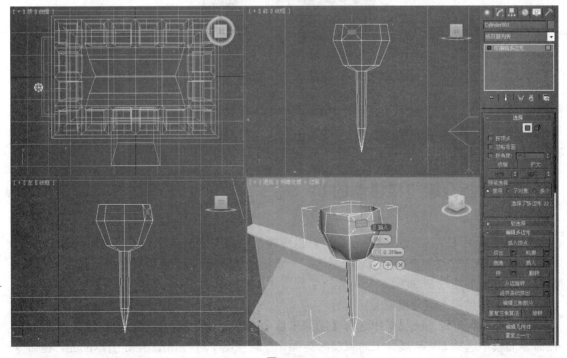

图 5-93

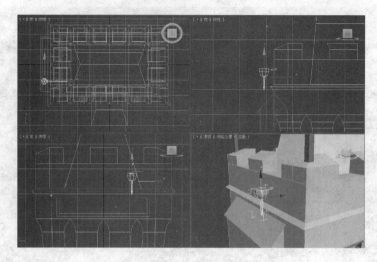

图 5-94

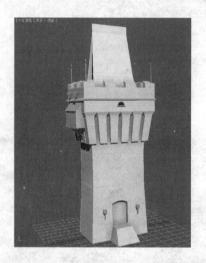

图 5-95

5.2　拆分瞭望楼模型的 UV

瞭望楼采用 UV 展开贴图的方式，可以更精确地表现模型纹理。主要使用 UVW 展开（Unwrap UVW）修改器来展开 UV 坐标。各个部分分别拆分 UV，最后整合为一张平整的 UV 坐标，以方便后期绘制贴图。

（1）主体结构下部分模型 UV 拆分

选择模型，右键四元菜单中选择【隐藏未选中对象】。修改器列表中选择【UVW 展开】，在命令面板中选择 UVW 展开子对象层级为面，在透视图中选择如图 5-96 所示的面，在命令面板中选择【平面贴图】，对齐轴为【Y 轴】，如图 5-97 所示。

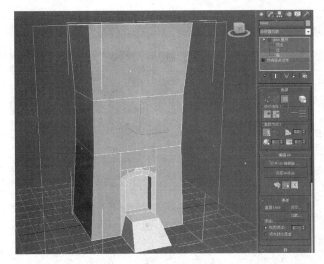

图 5-96　　　　　　　　　　　　　　　　　　　图 5-97

　　所选面按照设定的投影方式生成了 UV 坐标，在命令面板中点击【打开 UV 编辑器…】，打开 UV 显示面板，如图 5-98 所示。在 UV 面保持被选中状态下使用编辑 UVW 面板上方工具栏中的【移动选定子对象】将 UV 面移出此默认生成的矩形区域，如图 5-99 所示。

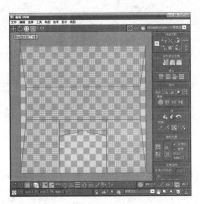

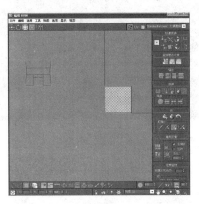

图 5-98　　　　　　　　　　　　　　　　　　　图 5-99

　　选择楼背面，使用【平面贴图】方式，对齐轴为【Y 轴】，将背面 UV 拆分出来，并用【移动选定子对象】工具将 UV 面移出区域，并与正面生成的 UV 面重合。选择侧面两个面 UV，命令面板中使用【平面贴图】方式，对齐轴为【X 轴】，同样将拆分出的 UV 面移出区域。同理，将门和台阶相关多边形进行 UV 拆分，并将拆分后的 UV 面进行缩放和移动，最终得到 UV 拆分效果图如图 5-100 所示。

　　（2）主体结构上部分模型 UV 拆分

　　右键四元菜单中选择【按名称取消隐藏】，将上部分模型显示出来，在该模型的修改器列表中选择【UVW 展开】。选择同一方向的面进行 UV 拆分，如图 5-101 所示。将所有拆分出来的 UV 面移出生成区域，如图 5-102 所示。

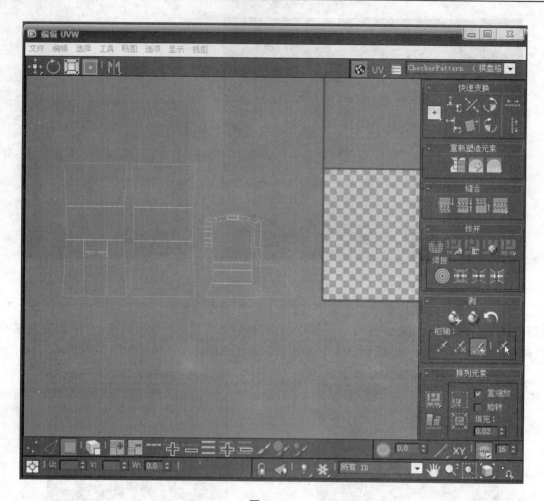

图 5-100

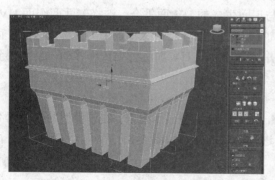

图 5-101

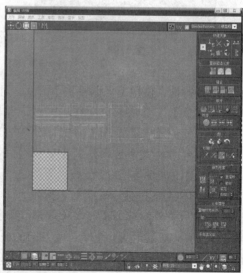

图 5-102

对小房子模型和帐篷模型进行 UV 拆分，如图 5-103 所示。

图 5-103

（3）装饰物模型 UV 拆分

选择其中一个兵器模型，修改器中添加【UVW 展开】，选择前后所有的面，以平面方式展开 UV，同理展开左右方向的面，在 UVW 编辑器中，将两次拆分后的 UV 面重合，并且利用缩放工具调整形状。如图 5-104 所示。

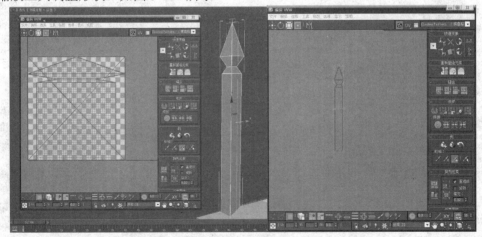

图 5-104

查看另外三个兵器模型，会发现在修改器列表中均已添加【UVW 展开】，并且在 UVW 编辑器中已正确生成 UV 拆分后的面，这是由于在创建模型时采用了"实例"克隆方式。选择其中一个并且在修改器列表中选择【UVW 展开】，右键选择【塌陷全部】，在弹出的警告对话框中点击【是】，如图 5-105 所示。

修改器列表中只剩下"可编辑多边形"，在可编辑多边形命令面板中选择【附加】按钮，将视图中另外三个兵器模型全部附加。再次添加【UVW 展开】修改器，打开【UV 编辑器】

会看到四个兵器模型的 UV 都整齐地叠加在一起，如图 5-106 所示。

图 5-105

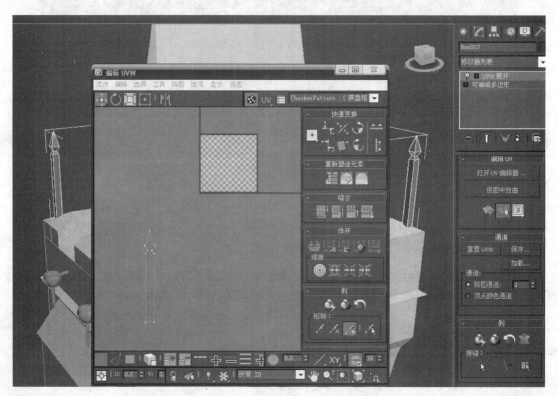

图 5-106

选择装饰灯模型，鼠标右键中选择【隐藏未选定对象】，将场景中其他对象隐藏起来。给该模型添加【UVW 展开】修改器，选择子对象层级为面，在透视图中选择如图 5-107 所示的面。

打开命令面板中的【UV 编辑器】，菜单中选择【贴图】→【法线贴图】，在弹出的法线贴图参数面板中选择方式为【左侧/右侧贴图】，确定后生成如图 5-108 所示 UV 拆分效果。

选择剩下的 UV 面，在【UV 编辑器】中选择菜单【贴图】→【展开贴图】，展开贴图参数面板中选择【移动到最近的面】，如图 5-109 所示。确定后生成四个 UV 面。

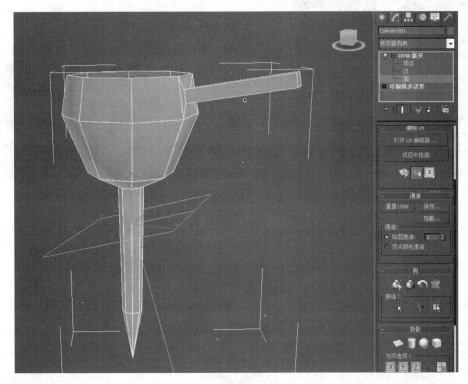

图 5-107

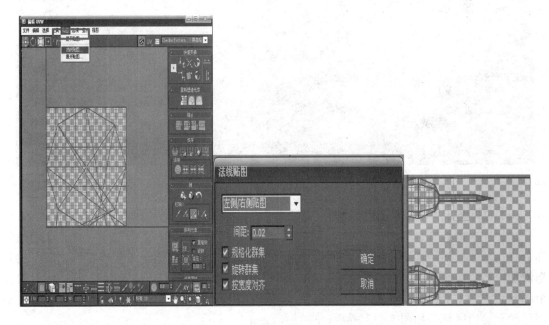

图 5-108

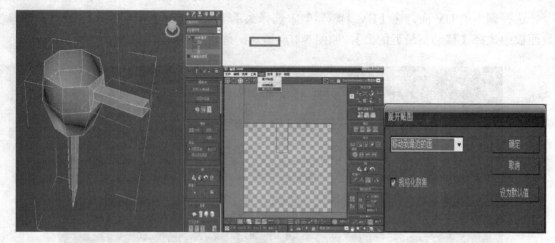

图 5-109

由于在该模型中此处的贴图一致且在场景中较小，因此对展开的四个 UV 面进行整理。在【UV 编辑器中】选择第一个较小 UV 面，鼠标右键中选择【复制】，然后选择第三个 UV 面，右键中选择【粘贴】，则这两个面合并到一起。如图 5-110 所示。另外两个较大的 UV 面也进行同样方式的合并。最后将该模型的所有 UV 面放置到输出区域之外的合适地方，如图 5-111 所示。

图 5-110

（4）UV 坐标的整合及输出

选择完成的装饰灯模型，在修改器列表中选择【UVW 展开】，点击右键，选择【塌陷全部】，在新生成的可编辑多边形命令面板中选择【附加】功能，将整个瞭望楼模型的所有部分都附加，然后在修改器中重新添加【UVW 展开】，打开其中的【UV 编辑器】，则可以看到各个部分完成的 UV 拆分，如图 5-112 所示。将所有的 UV 根据未来贴图的详细程度调整大小并移动至输出区域，如图 5-113 所示。

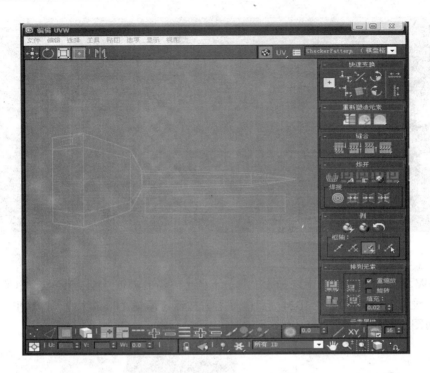

图 5-111

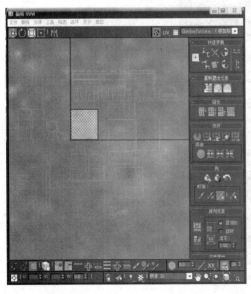

图 5-112

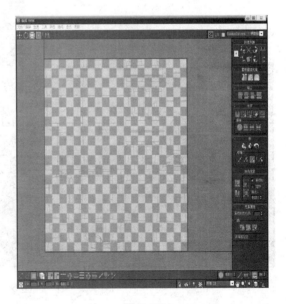

图 5-113

　　在输出 UV 模板前需要检验是否已进行了正确的 UV 拆分。打开材质编辑器，选择一个空白材质球模型，在漫反射通道添加棋盘格材质类型，如图 5-114 所示。若模型所有面的材质都能呈现整齐的方形棋盘格，则确定 UV 拆分正确，否则应对纹理错乱的面重新进行 UV 拆分。

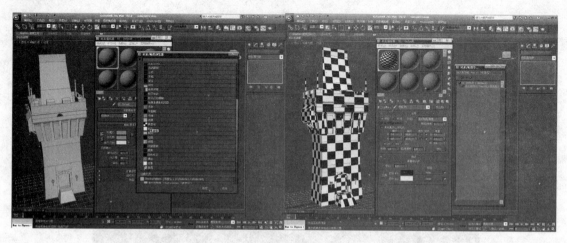

图 5-114

在 UVW 编辑面板的菜单中选择【工具】下的【渲染 UVW 模板…】，在弹出的渲染 UVs 参数面板中设置宽度和高度为 1024，点击最下方按钮【渲染 UV 模板】，将输出区域的 UV 面渲染，如图 5-115 所示。

图 5-115

将渲染出的 UV 模板进行保存。在上一步渲染出的 UV 贴图面板中选择左上角工具栏中的保存图标🖫，为 UV 模板建立文件名 "tower_uvwrap"，设置保存路径，并将图像类型选为 TGA 格式，如图 5-116 所示。至此完成了模型的 UV 拆分。

图 5-116

5.3　瞭望楼的贴图制作

瞭望楼的贴图制作需要将 5.2 节中渲染出的 UV 模板导入 Photoshop 进行对应区域的绘制，并保存为含有 Alpha 通道的 TGA 图像文件格式，最后附在 3D Max 中模型对应的材质球的漫反射和不透明度通道上。

（1）基础处理

在 Photoshop 中打开 tower_uvwrap.tga 文件，菜单【窗口】中打开【通道】面板，如图 5-117 所示，按下【Ctrl】键的同时点击通道面板中的 RGB 通道，文件中绿色的线框即变为选区状态，在图层面板中新建一个图层，命名为 sketch，修改前景色的颜色为红色，并将该颜色填充选区。按【Ctrl+D】键取消选区，得到红色线框的层，如图 5-118 所示。

（2）砖墙做旧

新建图层并命名为 brike，导入一张像素较大的砖墙贴图，并平铺整个图层，该图层作为整体建筑的材质基调。新建图层命名为 dirty，导入一张污渍贴图，并将该图层混合模式调整为【正片叠底】，【填充】值修改为 50%，如图 5-119 所示。

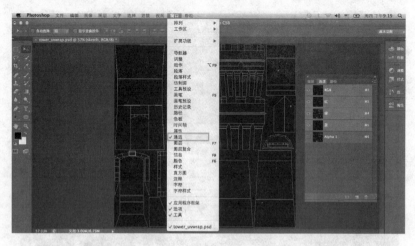

图 5-117

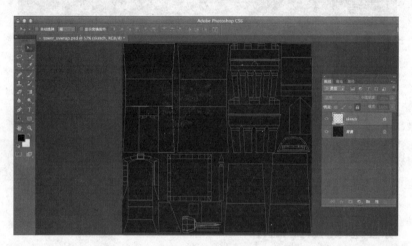

图 5-118

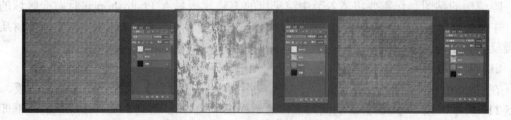

图 5-119

　　为了让砖墙看起来更生动，添加一些青苔效果。选择一张有绿色斑迹的贴图，并平铺整个图层。为了打破平铺的重复感，选择图层面板下方的■（添加矢量蒙板）按钮，在【通道】面板中自动生成的图层蒙板上用黑色笔刷随意绘制。将该图层的混合模式调整为【柔光】，【填充】值为 43%，如图 5-120 所示。新建图层文件夹"old effects"，并将 moss 图层和 dirty 图层拖至其中。

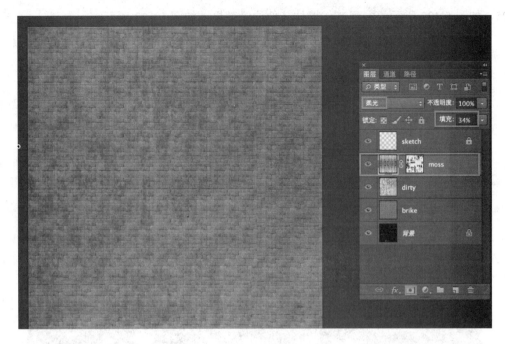

图 5-120

　　用【多边形套索】工具选择主体建筑底部砖块，在"brike"图层复制，然后新建图层"varbrike"进行粘贴。将该图层位于"old effects"图层之下，并点击图层面板最下方的█【添加图层样式】，选择其中的【内阴影】样式，设置内阴影角度为 90 度，距离 0 像素，扩展 33%，大小 5 像素，如图 5-121 所示。

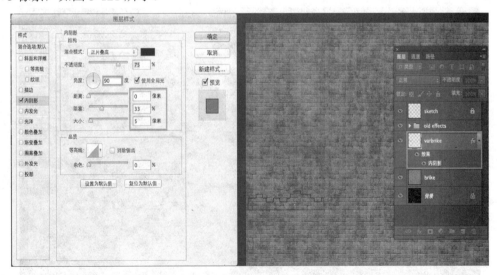

图 5-121

　　在按下【Ctrl】键的同时，点击图层缩略图位置，则图层内容会成为选区，选择图层面板最下方的█【调整图层】，添加【亮度/对比度】图像调整层，设置亮度值为-15，对比度为 25,如图 5-122 所示。同理制作墙体其他边缘效果,如图 5-123 所示。

图 5-122

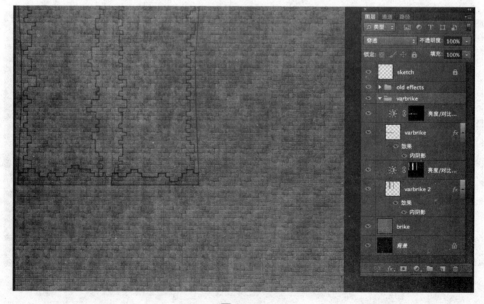

图 5-123

(3)添加各部分素材

对应 UV 模板的各个部分，选择合适素材进行填充，效果如图 5-124 所示。

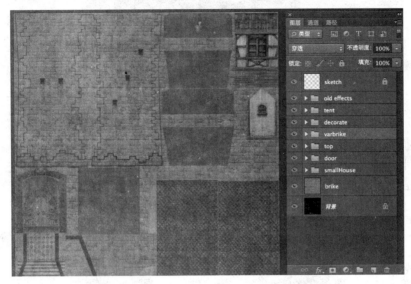

图 5-124

（4）绘制旧效果

制作兵器磨旧效果。添加新的图层"weapon"，用多边形套索工具做出兵器选区，并填充灰色（R:135,G:135,B:135）。使用工具栏上的和将灰色区域绘制出黑白明暗效果，由此来模拟金属器具因长期使用而导致的边缘铮亮效果，如图 5-125 所示。

图 5-125

建筑物接近地面的地方一般会有较深的地色。找到主体结构楼梯的贴图图层，用将阶梯接近地面的部分加深颜色，如图 5-126 所示。用同样方法将建筑中需要表现浓厚污渍感的地方进行局部加深处理。

图 5-126

（5）破损帐篷的制作

瞭望楼上的帐篷由于年久失修已露出了尺骨。制作这种破损的效果采用了透明处理技巧。新建图层"tent"，添加基本素材，如图 5-127 所示。用选区选择最底一行的瓦片，填充黑色，并用【加深工具】对素材做简单处理，如图 5-128 所示。

图 5-127

图 5-128

在图层"tent"之上新建图层"lan"，添加铁架素材（如若没有合适素材可用黑色线条绘制），用橡皮擦或蒙版或其他工具将规则的铁架改为破损状态，如图 5-129 所示。

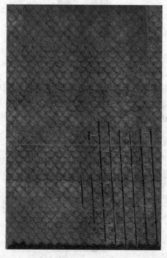

图 5-129

打开【通道】面板，将默认的"Alpha 1"图层填充为白色。回到"lan"图层，用【多边形套索工具】勾画出破损区域，将"Alpha 1"图层填充为黑色，如图 5-130 所示。再次回到图层"lan"，在按下【Ctrl】键同时点击该图层锁定图位置，则该图层内容自动成为选区，保持选区不变，将"Alpha 1"图层填充为白色，如图 5-131 所示。

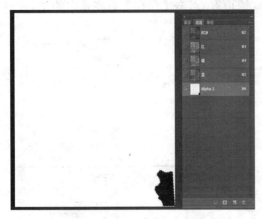

图 5-130　　　　　　　　　　　　图 5-131

　　制作帐篷顶上的栅栏。从图库中选择一张栅栏素材导入到图层中。根据素材具有一致的黑色背景特点，采用【色彩范围】来获得合适的选区。首先在按下【Ctrl】键的同时点击该图层，则整个图层作为选区，菜单【选择】中选择【色彩范围】项，在弹出的色彩范围参数面板中用采样吸管吸取素材中的黑色，设置颜色容差为 40，如图 5-132 所示，点击【确定】。保持选区不变，在通道面板中的"Alpha 1"图层中填充黑色，如图 5-133 所示。

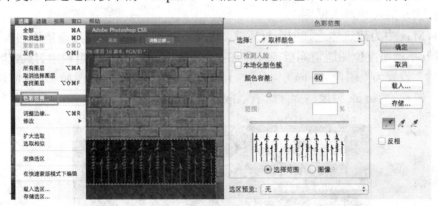

图 5-132

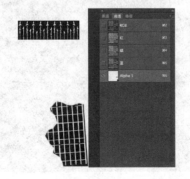

图 5-133

　　至此，完成瞭望楼的贴图制作，将有红色线条的"sketch"图层隐藏，【文件】菜单下选择【另存为】，格式选择"Targa"，勾选"Alpha 通道"，点击【保存】后在弹出的 Targa 选项中选择【32 位/像素】，点击【确定】，如图 5-134 所示，保存文件。

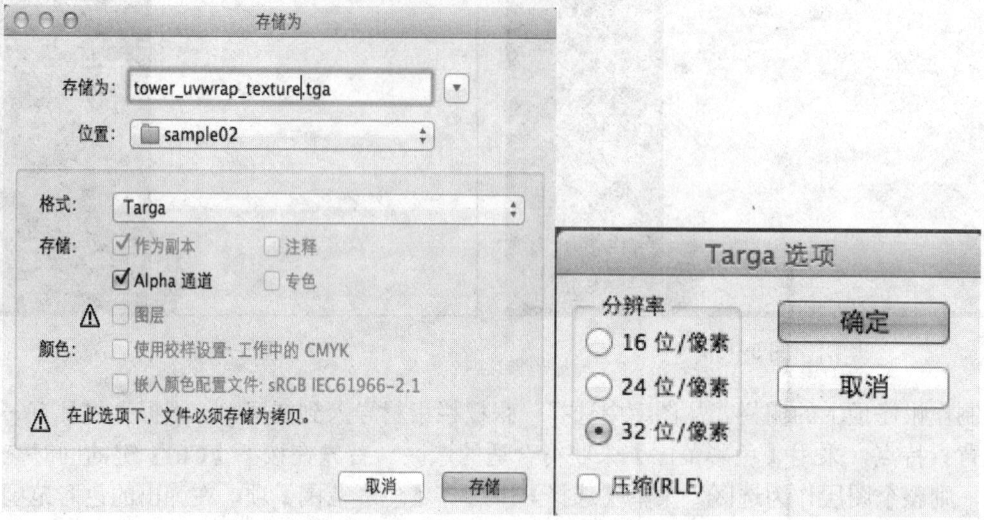

图 5-134

（6）在 3Ds Max 中导入贴图

　　在 3Ds Max 中为建筑体选择一个材质球，将漫反射通道和不透明度通道均加入上述制作的位图，打开不透明度位图通道面板，在【位图参数】卷展栏中将【单通道输出】修改为"Alpha"，"Alpha 来源"设置为"图像 Alpha"，如图 5-135 所示。最终渲染效果图如 5-136 所示。注意，只有 32 位/像素的 Targa 图像格式才含有 Alpha 通道信息。

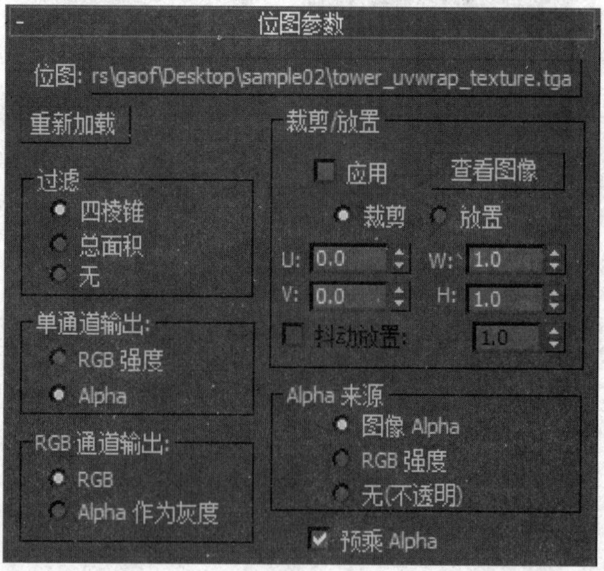

图 5-135

图 5-136

第6章 场景中树的制作

本章主要讲解游戏场景中树的通用制作方法，包括树干、树叶和配饰三个部分的建模和贴图。树的制作仍然采用基本的多边形建模方法和 UVW 展开贴图技术，难度主要在如何灵活地构建出符合特定情境的树的造型。树叶的面数常是影响场景动画渲染的关键，因此在树叶的处理上如何有效地控制面数同时又能逼真模拟是应当掌握的重要技术。

6.1 树干的制作

（1）创建一个圆柱体，设置圆柱体边数为 8，高度分段为 2，将圆柱体右键转换为可编辑多边形，选择顶点子对象层级，将顶部顶点进行缩放，并用【选择并移动】工具随意调整顶点位置，以显示树干的不规则性，如图 6-1 所示。

选择树根最上面的多边形，在可编辑多边形命令面板中选择【挤出】命令，用移动工具和缩放工具调整形状如图 6-2 所示。

继续采用上述方法挤出树干形状，将最后挤出的顶点合并为一个顶点，选择最顶层所有点，快捷键为【Ctrl+Alt+C】（塌陷），效果如图 6-3 所示。

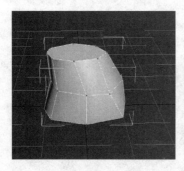

图 6-1   图 6-2   图 6-3

设计好树枝的位置和朝向，在顶点子对象层级下，视图空白处点击右键，在弹出的四元菜单中选择【剪切】命令，在设计位置生成线段。选择中间的四个多边形，使用【挤出】命令，配合移动工具和缩放工具，调整成树枝形状。同理创建多个树枝。如图 6-4 所示。树枝可再丰富一些，本例中简化为只有主枝干。

图 6-4

仍然使用【剪切】命令，在树干底部切割出要生成树根的多边形，在多边形子对象层级下使用【挤出】命令，配合移动工具和缩放工具调整成树根形状，如图 6-5 所示。最后将树底部的所有多边形都删除，以精简面数。

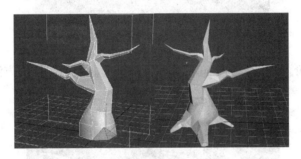

图 6-5

（2）树的贴图采用 UVW 展开，由于树的形态不规则，因此将树分为几个部分展开。选择树对象，在修改器列表中添加【UVW 展开】，选择方式为【多边形】子对象层级，按照图 6-6 所示选择多边形。命令面板中【投影】卷展栏下选择【柱形投影】和【对齐 Z 轴】，打开【UV 编辑器】，将生成的 UV 面用【移动工具】移出生成区域，由于生成的 UV 面可能比较乱，可以通过 UV 编辑器中的【工具】菜单下的【松弛】工具或者焊接相同的边来整理，如图 6-7 所示。

图 6-6

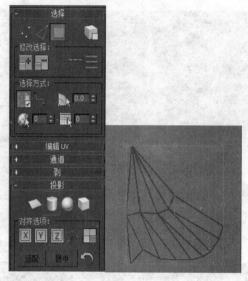

图 6-7

如图 6-8 所示，分两次选择树中间部分和下部分的面，用同样的方法将其 UV 展开。

图 6-8

在 UVW 展开的多边形子对象选择方式下，选择树枝，打开【UV 编辑器】，选择菜单【贴图】中的【法线贴图】，在弹出的法线贴图面板中同样选择"后部/前部"方式，如图 6-9 所示，将展开的 UV 面移出生成区域，选择任意一组 UV 面，工具栏上选择【垂直镜像】，将镜像之后的 UV 面通过移动工具和旋转工具与另外一组 UV 面重合，如图 6-10 所示。其他树枝的 UV 展开均采用相同方式，这里不赘述。

图 6-9

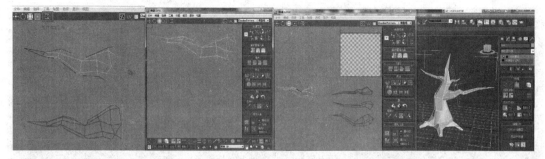

图 6-10

　　树根的 UV 展开。树根底部的面已删除，选择如图 6-11 所示的根部多边形，在右方命令
面板中的投影卷展栏下选择【平面投影】，对齐方向为 Z 轴，然后打开【UV 编辑器】，将展
开的 UV 面移出生成区域，用同样的方法将其他根部 UV 展开，将根部最前端的小面根据不
同方向分别 UV 展开，将展开后的多个 UV 面排列在 UV 编辑器中，如图 6-12 所示。

图 6-11　　　　　　　　　　　　　　　　　　　　图 6-12

　　最后，将展开的 UV 面重新排列并放置到输出区域，为树添加材质球，漫反射通道添加
棋盘格材质类型，如图 6-13 所示，在确保所有面都能正确显示正方形黑白格后，便可以渲染
UV 了。打开 UV 编辑器，在菜单【工具】中选择【渲染 UV 模板】，设置宽高为 512 像素，
点击【渲染 UV 模板】，如图 6-14 所示，在弹出的 UV 模板文件中点击🖫，输出格式为 Targa，
选择 32 位图像文件。

　　（3）将渲染出的 UV 模板导入到 Photoshop 中，按照上节提到的方法添加合适的纹理，
并保存为 TGA 图像文件格式。打开树模型的 3Ds Max 文件，在材质球的漫反射通道中选择
位图贴图，将制作完成的 UV 位图赋予材质。效果如图 6-15 所示。

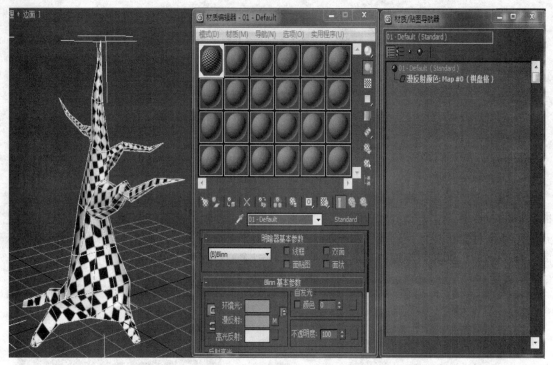

图 6-13

图 6-14

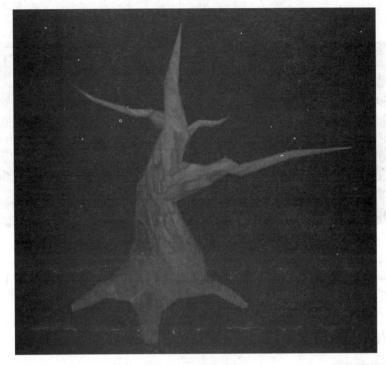

图 6-15

6.2　树叶的制作

（1）创建一个平面，修改长度分段和宽度分段为 2，将该平面转换为可编辑多边形，在顶点次级对象模式下选择中间顶点，用移动工具沿着 Z 轴稍微向上，如图 6-16 所示。

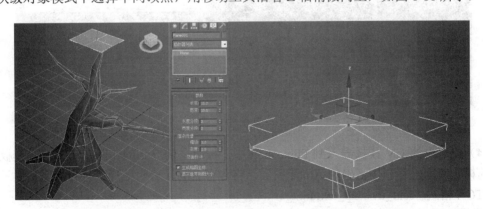

图 6-16

（2）在该平面的修改器列表中添加【UVW 展开】，在"多边形"次级对象层级选择所有多边形，如图 6-17 所示，选择【投影】卷展栏下的【平面投影】方式，对齐选项为 Z 轴，打开【编辑 UVW】面板，将投影生成的 UV 面略微缩放。

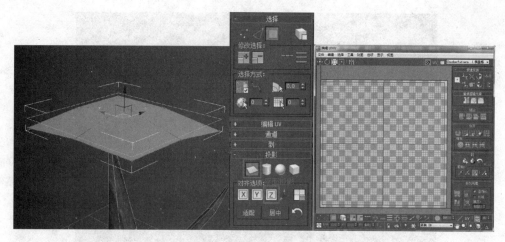

图 6-17

（3）在【编辑 UVW】面板的菜单上选择【工具】下的【渲染 UVW 模板】，弹出【渲染 UVs】面板，设置宽度和高度为 512 像素，点击最下方【渲染 UV 模板】按钮，在生成的渲染模板中点击工具栏上的，设置输出格式为 32 位的 Targa 图像文件，如图 6-18 所示，选择输入路径，点击【保存】。

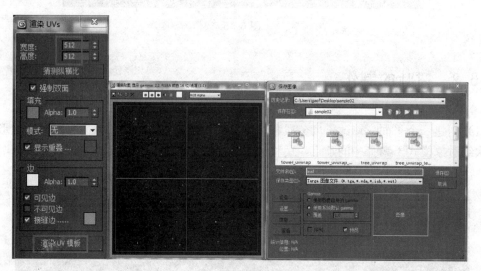

图 6-18

（4）将输出的 UV 模板导入到 Photoshop 中，按照之前提到的作图方法为 UV 模板添加合适的树叶纹理，并制作正确的 Alpha 图层，将含有 Alpha 透明处理信息的图像文件另存为 32 位 TGA 格式 "leaf_uvwrap_texture.tga"。

（5）打开 3ds max 的树叶场景文件，将制作完成的 UV 纹理图赋予叶片的材质，如图 6-19 所示，在漫反射通道添加该位图文件，然后将漫反射通道后面的【M】按钮拖动至不透明度通道，在弹出的选项框中选择"复制"方式。打开不透明度通道，修改"单通道输出"为"Alpha"，"Alpha 来源"为"图像 Alpha"，此时渲染应当看到树叶的效果。

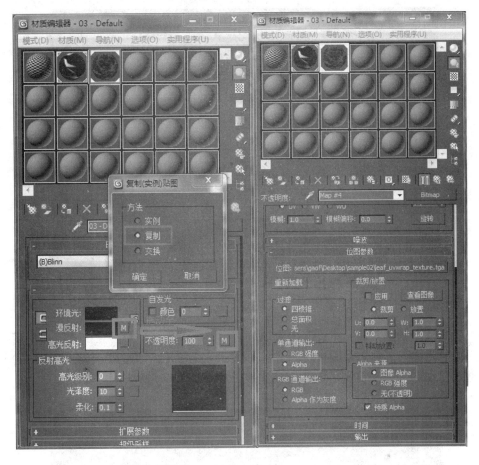

图 6-19

（6）添加其他树叶。为了避免每片树叶都重复做上面的工作，因此选择这片树叶，打开修改器列表，选择最顶层的【UVW 展开】，点鼠标右键，在弹出的菜单列表中选择【塌陷全部】，在弹出的"警告：塌陷全部"对话框中选择【是】，之后修改器列表将只有"可编辑多边形"一层，如图 6-20。

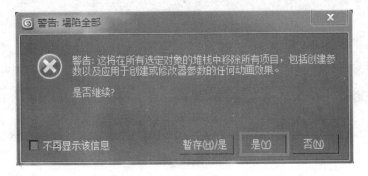

图 6-20

（7）将该树叶多边形复制多个，以形成树叶整体风貌，如图 6-21 所示。

图 6-21

（8）选择其中的某片树叶，打开修改器列表中的可编辑多边形，点击【附加】后面的按
钮，在弹出的附加列表中选择所有树叶平面，如图 6-22 所示。之后在可编辑多边形层上添加
【UVW 展开】修改器，至此树的制作全部完成。

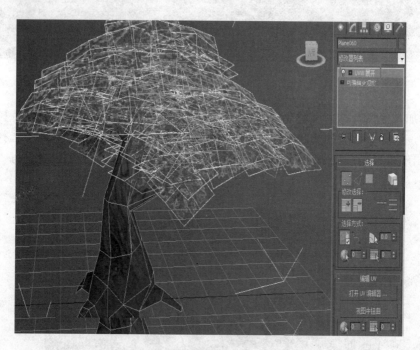

图 6-22

第 7 章　环境的制作

环境是游戏场景中必不可少的元素，本案例中的环境设计为简单的草原山地情境。其中涉及到地形、天空的制作，以及渲染相关的摄像机和灯光的设置。

7.1　地形的制作

（1）根据场景模型的比例关系在顶视图创建一个尺寸较大的平面，长度分段和宽度分段为 20，如图 7-1 所示。

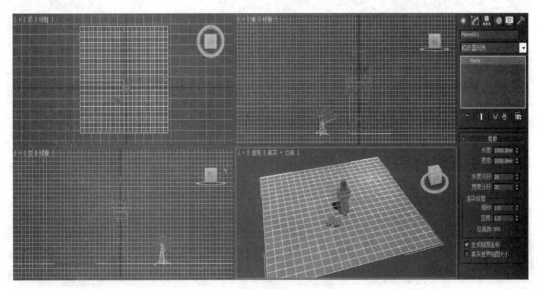

图 7-1

（2）选择平面，在修改器列表中添加【噪波】修改器，设置参数面板中的强度值，根据看到的效果调整，如图 7-2 所示。

（3）为地形附材质。选择一个材质球附给地面，将标准材质球类型换为"混合（blend）"，如图 7-3 所示。点击"材质 1"后面的按钮，进入到"材质 1"的参数设置面板，将标准材质类型再次修改为"混合（blend）"，形成两次嵌套。

（4）在第二层混合材质中为"材质 1"添加草皮位图，为"材质 2"添加不同于"材质 1"的草皮位图，为遮罩添加一张黑白图，如图 7-4 所示。遮罩层的黑白图可以在 Photoshop 中用不规则笔刷刷出。此时渲染场景，应看到两种草皮的交叉。

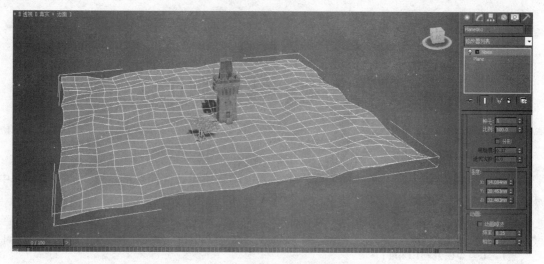

图 7-2

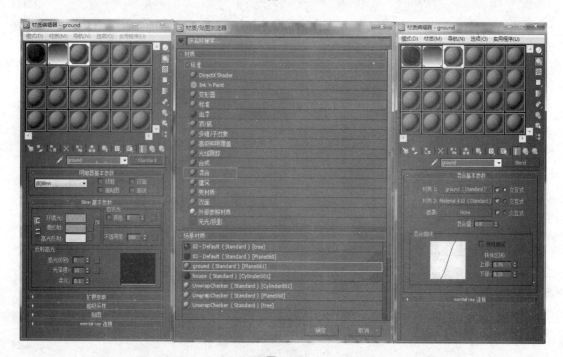

图 7-3

图 7-4

（5）在材质编辑器中回到最顶层级别，其中"材质 2"添加小石子位图，遮罩添加另外一张黑白图，如图 7-5 所示。

图 7-5

（6）渲染场景，发现草皮显示过于粗大，这说明贴图像素可能不够大，一般对于大场景需要将纹理细化，因此可以用如下方法来解决。选择地面多边形，在修改器列表中添加【UVW 贴图】，参数中选择贴图方式为"面"，如图 7-6 所示。此时渲染发现，两种草皮的变化过于一致，如图 7-7。

图 7-6　　　　　　　　　　　　　　　　　　　　图 7-7

（7）在地面的修改器列表中再次添加【UVW 贴图】，贴图方式为默认的"平面"，为了区别于前一次的【UVW 贴图】，将参数中的【贴图通道】更改为 2，如图 7-8 所示。然后打开材质编辑器，将两个遮罩层的位图坐标参数中的【贴图通道】也都改为 2。此时渲染，则地面不再是规则的纹理平铺效果，呈现出自然的杂草和碎石混合纹理，如图 7-9 所示。

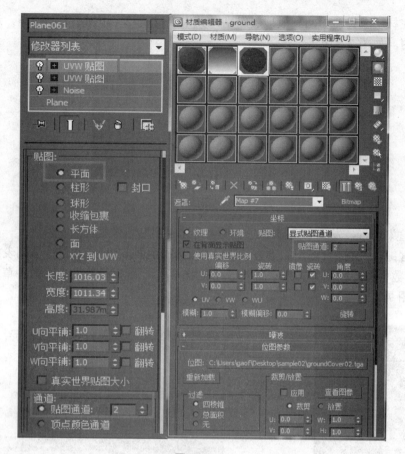

图 7-8

图 7-9

7.2 添加摄像机

在场景中创建一个目标摄像机,用于设定观看角度。摄像机的位置如图 7-10 所示。

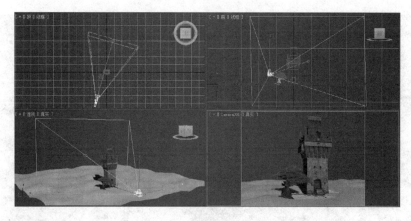

图 7-10

7.3　天空的制作

　　场景中天空的制作有多种方法，可以创建平面，添加合适位图；也可以创建一个半球，将球体的外表面通过可编辑多边形的【翻转】命令显示到内部，之后给球体添加 360 度或者 180 度天空位图，天空位图的像素应当尽可能高；或者采用天空盒方式。本例中由于没有摄像机环视效果，因此采用第一种较为简单的方式。

　　（1）在前视图创建平面，修改宽度和高度分段为 1，打开材质编辑器，选择一个材质球附给该平面，添加合适位图，效果如图 7-11 所示。

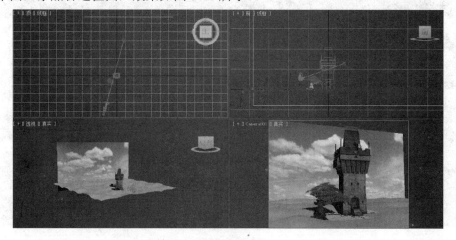

图 7-11

　　（2）为了让天空平面与摄像机视角保持一致，需要控制背景方向。选择天空平面，菜单【动画】下拉列表中找到【约束】→【注视约束】，之后在平面与鼠标之间会生成一条虚线，将鼠标放于摄像机目标点上，让天空平面与摄像机目标建立约束关系，之后出现如图 7-12 所示问题。

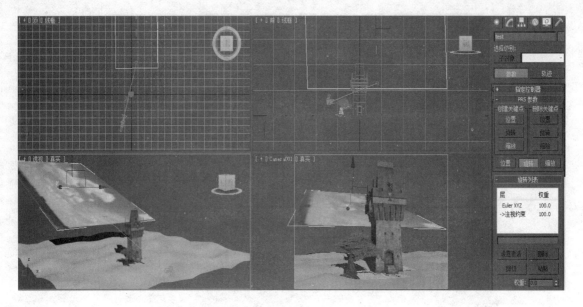

图 7-12

（3）将右方命令面板向下滑动，找到【保持初始偏移】选项，勾选该选项，则天空平面会回到正常状态，如图 7-13 所示。

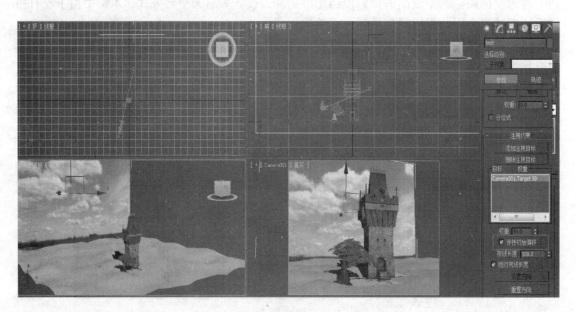

图 7-13

（4）用移动工具调整天空平面的位置，会发现该平面将沿着摄像机目标点旋转，将天空平面调整到摄像机视图看起来合适即可。必要时可以调整该平面的宽度和高度。添加天空后效果如图 7-14 所示。

图 7-14

7.4　灯光的设置

（1）灯光是烘托场景气氛必不可少的。在创建光源面板选择【目标平行光】，为场景添加主光源，调整光源位置，并在该光源的命令面板中开启阴影，调整聚光区和衰减区光束大小，如图 7-15 所示。

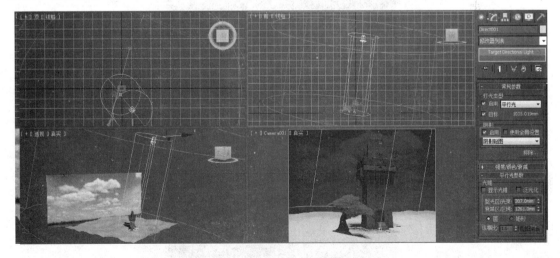

图 7-15

（2）添加辅助光。在场景中发暗的位置添加补光。如图 7-16 所示，在建筑斜后方添加泛光灯，不开启阴影，设置"强度：倍增"为 0.06，在树前面添加目标聚光灯，不开启阴影，设置"强度：倍增"为 0.14，调整【聚光区/衰减区】至合适值。

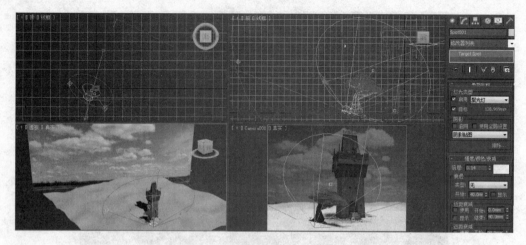

图 7-16

（3）为了让天空背景看起来更亮堂一些，可以考虑专门针对背景平面添加目标平行光，但本例采用更为简单的方式。打开材质编辑器，找到附有天空材质的材质球，设置其"自发光"值为 20，如图 7-17 所示，渲染摄像机视图，观看效果。

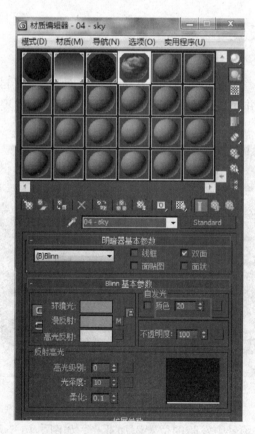

图 7-17

第8章 "蝴蝶飞"动画的制作

本章要制作一只飞舞的蝴蝶，以给场景增加点鲜活气氛。重点在蝴蝶的动画设置上，因此对于蝴蝶的制作采用较为简单的表现方法。

8.1 蝴蝶的制作

（1）找一张蝴蝶翅膀的正视图作为材质，在 Photoshop 中将该图像的 Alpha 通道绘制为如图 8-1 所示，其中白色的部分是将要显示的蝴蝶翅膀部分，黑色部分是将会被消隐的背景。

图 8-1

（2）在上一章的场景中创建一个比例大小合适的平面，该平面相当于蝴蝶单个翅膀的大小。选择该平面，点击鼠标右键，在右键【四元】菜单中选择【隐藏未选定对象】，将场景隐藏起来，为该平面附一张蝴蝶翅膀的材质，如图 8-2 所示。

图 8-2

（3）在材质球位图参数面板中应用裁剪图像，如图 8-3 所示，将图像裁剪至只保留一半翅膀。

图 8-3

　　（4）将漫反射通道的位图以复制方式拖拽至不透明度通道，打开不透明度通道的位图贴图参数面板，将【单通道输出】修改为 Alpha，将【Alpha 来源】修改为图像 Alpha，此时蝴蝶翅膀应呈现背景透明状，如图 8-4 所示。根据看到的蝴蝶翅膀的比例再次调整平面的宽度和高度。

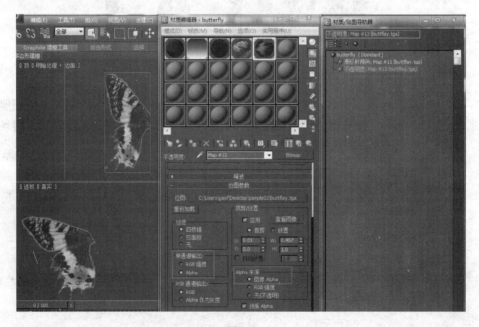

图 8-4

　　（5）制作蝴蝶身体。在顶视图创建一个长方体，长度分段为 5，调整大小，如图 8-5 所示。

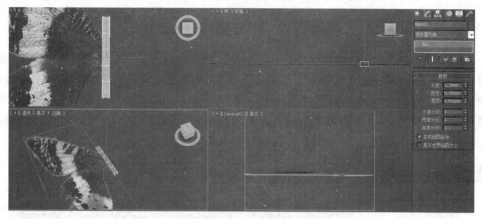

图 8-5

（6）将该长方体右键转换为可编辑多边形，调整顶点位置至如图 8-6 所示形状。最后开启【NURMS 细分】，设置迭代次数为 1。为蝴蝶身体添加合适材质。将已制作完成的一半翅膀沿 X 轴【镜像】（图）出另一半，将两个翅膀分别命名，最后将两个翅膀和身体成组，效果图为图 8-7。

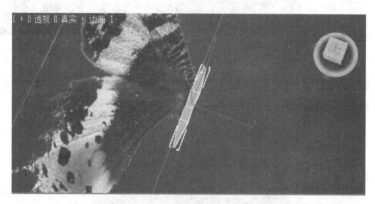

图 8-6

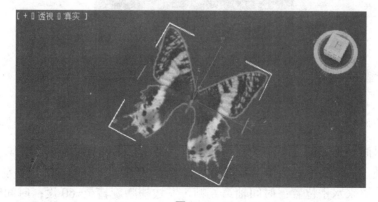

图 8-7

8.2 "蝴蝶翅膀扇动"动画的制作

（1）选择蝴蝶对象，菜单【组】下选择【打开】，将成组对象临时分解。选择左半边翅膀，打开层次面板，开启【仅移动轴】按钮，在顶视图用移动工具将轴点沿着 X 轴方向水平移动至翅膀和身体的交界处，如图 8-8 所示，同理将右半边翅膀的轴中心也移动至右边翅膀与身体的交界处。最后关闭【仅影响轴】按钮，如图 8-9 所示。

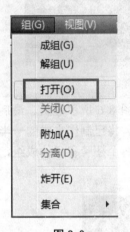

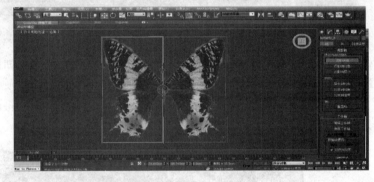

图 8-8   图 8-9

（2）选择蝴蝶左边翅膀，工具栏上开启【角度捕捉】按钮，并在该按钮上点击鼠标右键，在弹出的【栅格和捕捉设置】面板中修改角度值为 60，如图 8-10 所示。

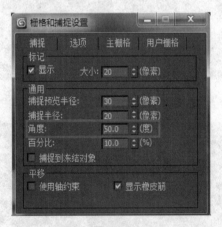

图 8-10

（3）开启时间轴下方的【自动关键点】按钮，工具栏上选择【旋转】工具，将时间轴滑块移动至第 2 帧，在前视图用旋转工具将翅膀旋转至 60 度；将时间轴滑块移动至第 4 帧，将左边翅膀旋转回原来水平位置；时间轴第 6 帧，左边翅膀旋转至-60 度；时间轴第 8 帧，左边翅膀旋转至水平，如图 8-11 所示。最后关闭自动关键点。

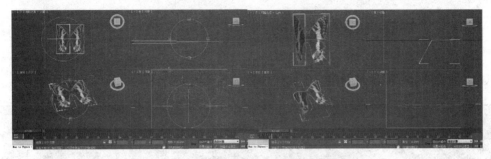

图 8-11

（4）仍然选中左边翅膀，打开工具栏上的【曲线编辑器】按钮，在面板中找到左边翅膀的 Y 轴旋转，应当呈现如图 8-12 所示的曲线轨迹。选择【Y 轴旋转】，在该面板的菜单【控制器】下选择【超出范围类型】，如图 8-13 所示。

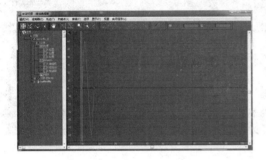
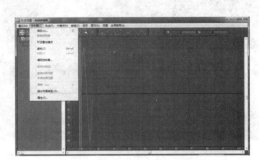

图 8-12   图 8-13

（5）在弹出的【参数曲线超出范围类型】面板中选择【循环】方式，如图 8-14 所示，点击【确定】后会自动生成循环曲线。

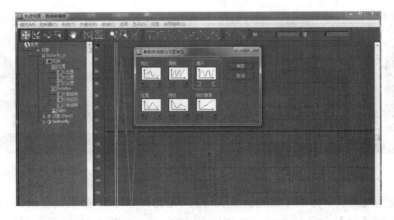

图 8-14

（6）关闭曲线编辑器，在时间轴上点击【播放】按钮，应当能看到左边翅膀持续不断地煽动。用同样方法制作右边翅膀的煽动动画。完成后，菜单【组】中选择【关闭】，保持蝴蝶是一个整体。

8.3 "蝴蝶飞舞"动画的制作

（1）将场景全部显示，创建一条曲线作为蝴蝶飞舞的路径，如图 8-15 所示。

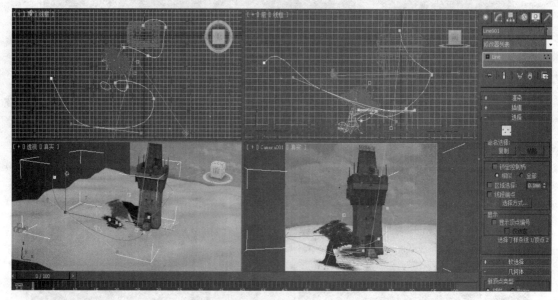

图 8-15

（2）选择蝴蝶，菜单"动画"下选择【约束】→【路径约束】，如图 8-16 所示，选择后在蝴蝶与鼠标之间有一条虚线，用鼠标点击绘制的路径，则蝴蝶自动跳到路径的始端。仍然选择蝴蝶，打开右边运动面板，如图 8-17 所示。

图 8-16

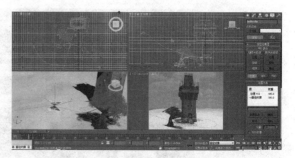

图 8-17

（3）勾选运动面板下方的【跟随】、【倾斜】和【允许翻转】，如果发现蝴蝶的头方向不对，则调整最下方的【轴】方向，本例中调整为 Y 轴方向，如图 8-18 所示。最后点击时间轴上的【播放】按钮，会看到场景中的蝴蝶翩翩飞舞。

图 8-18

8.4 渲染输出

工具栏上选择【渲染设置】按钮,在渲染设置面板中设置【时间输出】范围为全部,输出大小为 640×480,设置文件输出路径,文件存储为 AVI 格式,最后渲染摄像机视图,如图 8-19 所示。至此完成整个动画案例,如图 8-20。

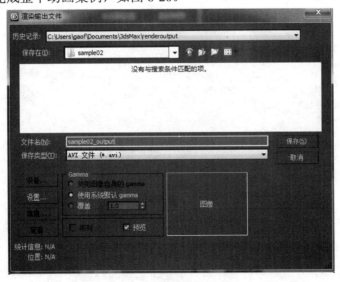

图 8-19

图 8-20

（1）最终渲染出来的场景图，如图，另存留意的是这里的灯光设置的整体效果应该是偏冷，
供大家参考借鉴，并建立文件的时候注意，存在的情况，将且能制作出更好的图画，更加
完善图像，并达到视觉效果，如图 8-20。

第二篇　MAYA 设计案例

案例三　弯刀 F7U-3 战机

弯刀 F7U-3 战机案例效果图

```
size:  640  480 zoom: 1.000    (Maya Software)
Frame: 1        Render Time: 0:04    Camera: persp
```

学习指导

1. 以弯刀 F7U-3 战机为例，基本掌握飞机常规建模技术。
2. 在有参考图纸的情况下，可以根据参考图制作。
3. 为了提高飞机的视觉效果，要注意建模时尽量做得细腻一些。
4. 注意调整、表现机身的平滑度。
5. 后期使用 Unfold3D 展 UV，使 UV 展开更方便快捷。
6. 掌握三点布光法。
7. 学会使用材质的特殊效果。

第9章 "飞机"建模

9.1 导入飞机三视图

（1）单击 Surface 工具栏中的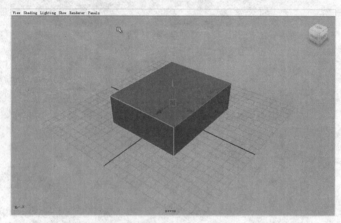（创建曲面正方体）按钮，创建一个 Nurbs 正方体，然后按键盘的【r】键（缩放工具）缩放至合适大小，如图 9-1 所示。

图 9-1

合适大小即按个人喜好调整，不用在意是否一样，因为后面还要再调整，不过最好还是大一些，方便自己观看三视图。建 Nurbs 正方体的原因是：它六个面是分离的，因为我们用的是三视图，所以只用三个面足够了。

（2）选中任意同一个顶点的三个面，将其删除，如图 9-2 所示。

（3）单击左侧工具栏中的 （材质编辑器视图），打开材质编辑器。

（4）单击 Lambert （Lambert 材质）创建一个新的 Lambert 材质 Lambert2。

（5）在"Work Area"中出现了 Lambert2 材质，双击它，弹出它的属性编辑器，如图 9-3 所示。

（6）单击 Color 属性后面的 按钮，为 Color 属性添加节点，在这里我们要贴三视图中的一张图片。

（7）在弹出的对话框中单击 File 按钮。

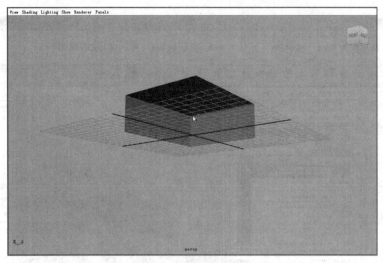

图 9-2

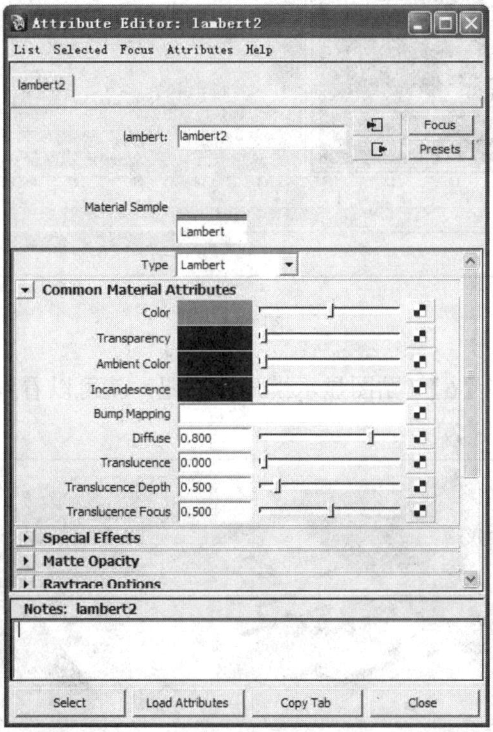

图 9-3

（8）回到属性编辑器中，单击 Image Name 后面的 ▭ 按钮，在弹出的对话框中寻找 top. gif，将顶视图的图片贴上。然后关闭属性编辑器即可。

（9）选中视图中顶部（或底部）的面，然后在旁边材质编辑器中的 Lambert2 材质上面按住鼠标右键不放，弹出菜单，然后向上拖拽鼠标指针到 Assign Materil To Selection 上，如图 9-4 所示。

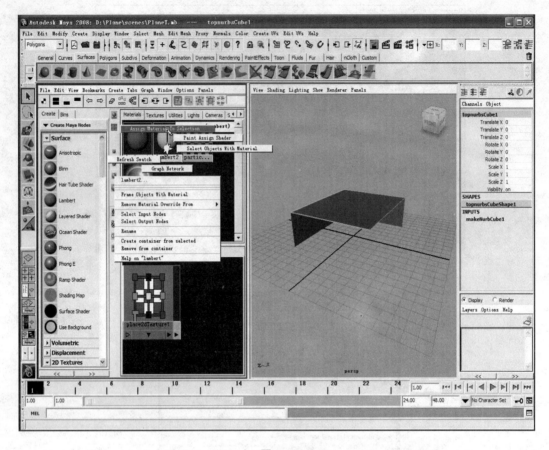

图 9-4

（10）按键盘上的数字【6】（贴图显示模式）按钮，就可以看到顶视图已经贴到上面了，如图 9-5 所示。

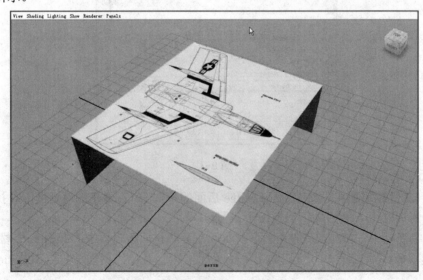

图 9-5

（11）用同样的方法新建 Lambert3 材质，并贴图 side. gif，然后点工具栏中的▦（四视图）按钮，选中正对 side 视图中的面，然后用第 9 步的方法将 Lambert3 付给它，如图 9-6 所示。

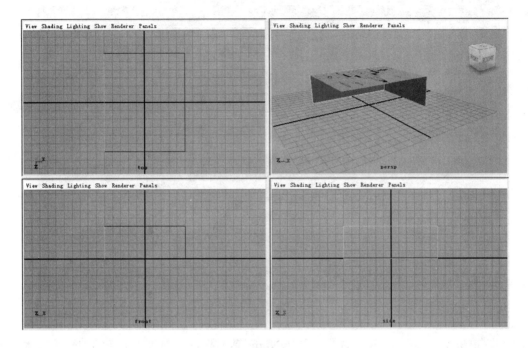

图 9-6

（12）用同样的方法，把前视图 front. gif 也贴上。如图 9-7 所示。

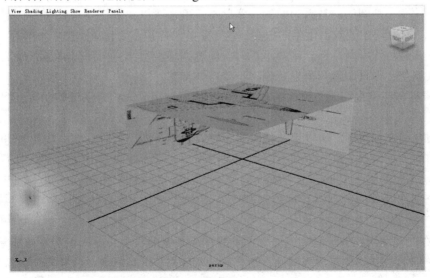

图 9-7

（13）我们看到在侧视图和前视图的图片方向不对，选中任意一个面，按键盘上的【Ctrl+a】，打开其属性编辑器，单击编辑器上面材质名称后面的 ▭➜ （上游节点）按钮两次，到 place2dTexture 节点，更改 Potate Frame 属性为 90（或-90）。用同样的方法将三个面的方向都改正确。如图 9-8 所示。

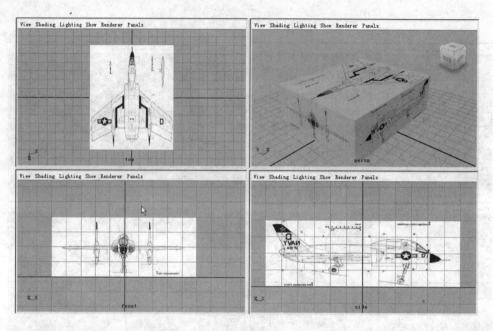

图 9-8

（14）单击工具架中 surface 的 ●（创建 Nurbs 球）按钮，创建一个新的 Nurbs 球体。在侧视图（side）中将球放到飞机后轮上，与轮胎对齐，然后缩放至跟轮胎大小相当。

可以看出轮胎并不是圆形的，在现实中轮胎应是圆形的，但是我们使用的侧视图是准确的，之所以轮胎不是圆的，是因为面的长宽比不正确，所以我们需要调整面的长宽比使轮胎变成圆形。这样我们才能做出正确的模型，这一步非常重要，要精确调整，不能有丝毫偏差，否则就会导致最后的模型各部分比例不正确。注意调整长宽比时，使用的是缩放工具和移动工具，每次调整必须只调整一个坐标轴，不要整体调整。

（15）根据球在侧视图调整侧面的长宽比，前视图使用同样的方法调整，参照物是机翼下面的导弹。

因为顶视图没有圆形，所以用球就没法调整，我们下面用长方体调整，用长方体也可以将三个视图的大小调整一致，否则不同视图大小不一的话，就没有办法制作模型了。

（16）单击工具栏中 Polygons 的 ■（创建 Polygons 正方体）按钮，创建一个正方体，用其统一三个视图图片的大小以及调整顶视图的长宽比。如果长方体被挡住了，我们可以用 X-ray 使其变成透明，如图 9-9 所示。

（17）在前视图用缩放工具使长方体与前视图中最宽的机翼长度即机身宽度相等。

（18）在顶视图中，调整顶视图面，使机翼最宽处与长方体相等。这样我们就统一了一个轴了。

（19）在侧视图中使长方体对齐侧视图中机身的高度，在前视图中参照长方体，调整前视图面的整体大小，使最高点和最低点对齐长方体。这样我们统一了第二个轴。

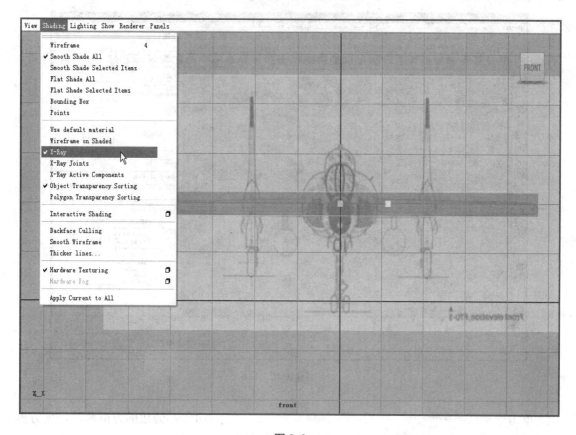

图 9-9

（20）在侧视图缩放长方体，使其跟机身长度相等，然后在顶视图，调整顶视图面的一个轴的长度并移动，跟长方体位置相同。第三个轴也统一了。最后可以将长方体和球体都删掉。

注意：①在前视图调整面的时候要整体调整，不要只调整一个轴，因为前面我们已经把长宽比调整好了，所以这里我们必须保持长宽比，进行整体调整。②在前视图中我们不能移动长方体的 Y 轴，只能移动 X 轴，如果在 Y 轴上，长方体和面对不上，我们要移动面，而不能移动长方体。③调整顶视图只能缩放一个轴，在侧视图中，长方体的位置固定后，顶视图中不能移动长方体的位置，只能移动面的位置。

三个轴我们都统一了大小及位置，三视图就此完成。最后统一三个轴的步骤非常重要，它将决定后面做的模型是否正确、美观，所以在下面建模开始之前一定要把上面的步骤做好，做精确，否则就不要进入下面的制作。

9.2 制作飞机主体

（1）单击右侧通道栏下面的 （新建图层）按钮，新建图层 Layer1，选中所有物体，即三个面，在图层上按住鼠标右键不放，在弹出的菜单中，拖拽到 Add Selected Objects 上。如图 9-10 所示。

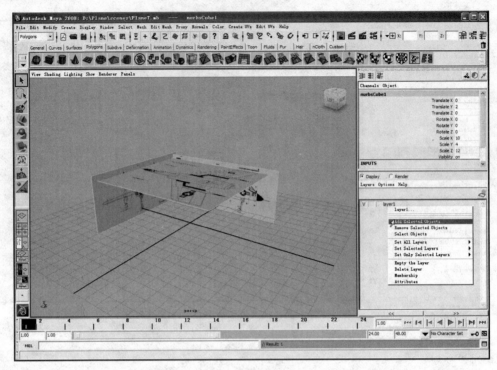

图 9-10

单击 V｜ ┊ ／ layer1　　　　　　　　　　　　　　　　 ^ ┊ V 旁边的方框两次，使方框
中显示 R：V｜R｜／ layer1　　　　　　　 ^ ┊，将图层锁定。

单击工具架的 Polygons 中 ⬛ 按钮，创建一个 Polygons 正方体。如图 9-11 所示。

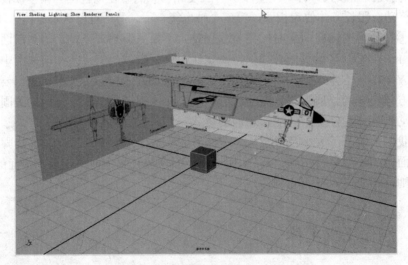

图 9-11

单击通道中的"历史"，如图 9-12 黄色高亮部分显示，打开"历史"。

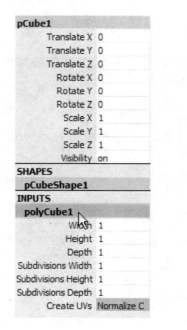

图 9-12   图 9-13

修改"历史"中的参数,如图 9-13 黄色高亮部分显示宽和高为 2 段,长为 10 段。

(2)在顶视图缩放立方体,使其与机身长度相当,在侧视图或前视图移动立方体,使其位置与机身位置对应,如图 9-14 所示。

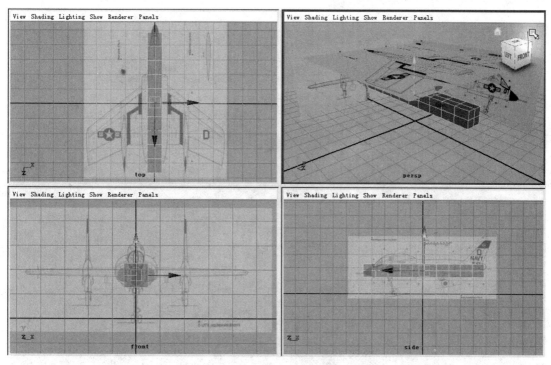

图 9-14

在顶视图中，参照图对机身的宽度进行缩放，如图 9-15 所示。

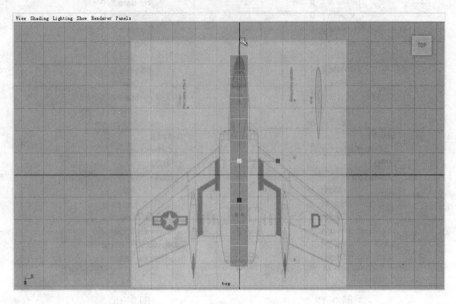

图 9-15

进入"点"模式，在侧视图中，每次选择一排（三组）点，从机头到机尾，对每段点都进行缩放和移动，尤其是在图中字母标志处一定要有一排点，图中有每个字母标志处的横截面形状，最终点的分布如图 9-16 所示。

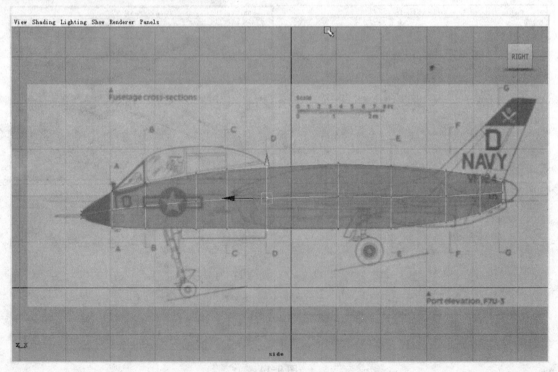

图 9-16

双击 （移动工具）按钮，打开工具设置，勾选【Reflection】选项，如图 9-17 所示。

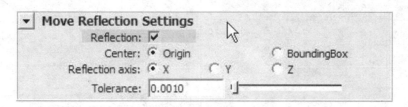

图 9-17

这个选项的作用是，可以对称选择点、线、面，可以通过修改 Reflection axis 来更改对称轴。

（3）选择右上（或左上）的一排点，由于 Reflection 的作用，左上（或右上）的一排点也被选中，然后移动点，使机体圆滑，如图 9-18 所示。选择右下（或左下）进行相同的操作，如图 9-19 所示。

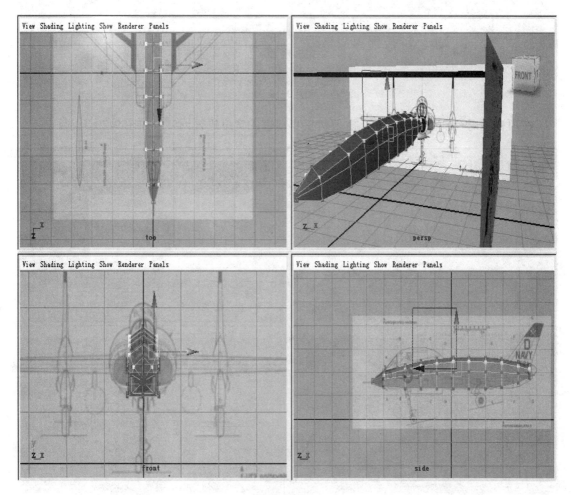

图 9-18

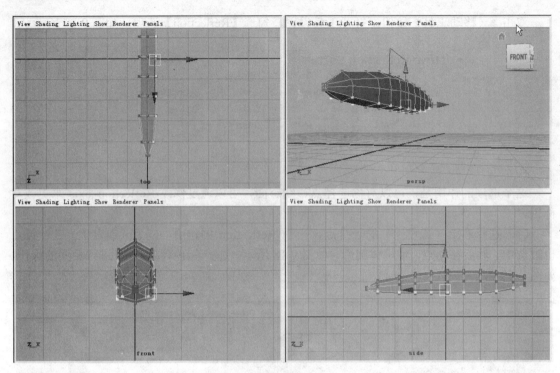

图 9-19

在顶视图对个别段进行调整，主要对机身前部的宽度进行调整，如图 9-20 所示。

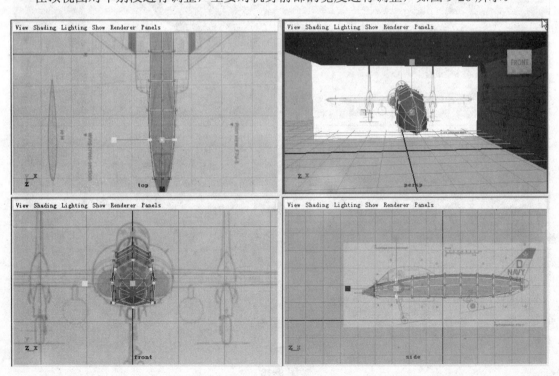

图 9-20

（4）在各视图检查模型的整体形状和图片中的符合情况，要使模型尽量符合图片。最后调整完了不要忘了将移动工具的【Reflection】选项关掉。

机身部分的制作相当重要，因为他是整个飞机最基本的部分，只有把它的形状拿捏好了，做出来的模型才美观，所以一定要对机身进行精雕细琢，使其尽量与图片相符合。

9.3 制作引擎

（1）进入"面"模式，在前视图中，选择一般机身的面，然后删除。因为飞机是对称的，所以我们只制作一半飞机，另一半可以复制对称过去。

根据侧视图，选择中间的面，然后点击工具架中的（挤出）按钮，然后点击黄色高亮部分的圆圈，改变坐标系，如图 9-21 所示。

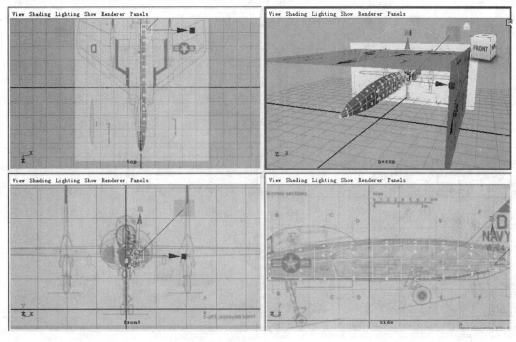

图 9-21

（2）移动坐标轴，将其拽出，如图 9-22 所示。

（3）使用（移动工具）调整挤出部分的点，使其形状变成接近半圆状，整体形状要较为圆滑，如图 9-23 所示。

选中引擎前面的两个面，如图 9-24 所示，单击工具架 Polygons 中的（挤出）按钮，进行缩放，如图 9-25 所示。

（4）再次单击工具架 Polygons 中的（挤出）按钮，然后单击红色箭头所指的圆圈（改变坐标系），向内挤出一小段，如图 9-26 所示。再次单击工具架 Polygons 中的（挤出）按钮（或按键盘的上【g】键，重复上一次操作），还是先改变坐标系，然后在向内挤出一大段，如图 9-27 所示。

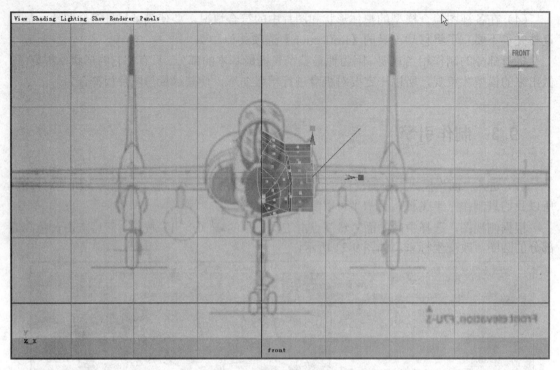

图 9-22

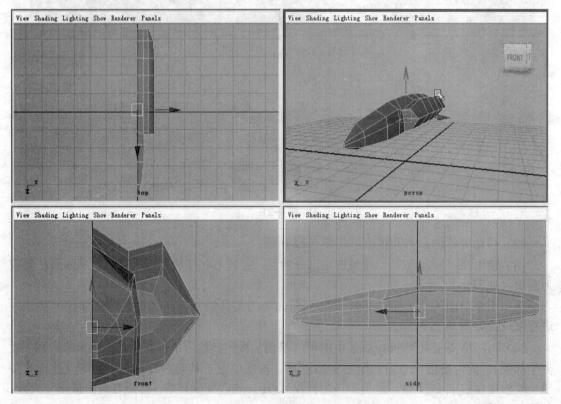

图 9-23

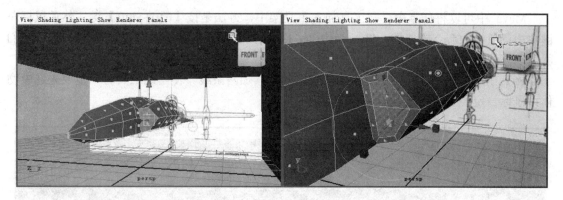

图 9-24 图 9-25

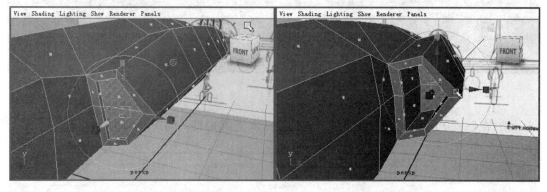

图 9-26 图 9-27

（5）选中模型，按键盘上的 F3 键（进入 Polygons 菜单），然后点击【Edit Mesh】→【Insert Edge Loop Tool】（环加线）工具，如图 9-28 所示。

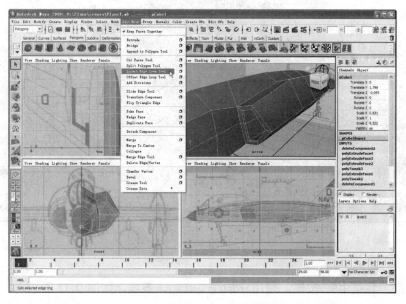

图 9-28

Maya 中可以将任意命令和工具加入工具架中，方法是按【Ctrl+Shift】键，然后鼠标左键单击菜单中的命令或工具。将 Insert Edge Loop Tool 加入工具架中，其图标为 ，这样我们就可以方便地调用此工具。

（6）在图 9-29 和图 9-30 所示的位置用此工具加两条线。使用此工具时一定要先选中物体，鼠标一定要点击在与要加的环线相交的线上。

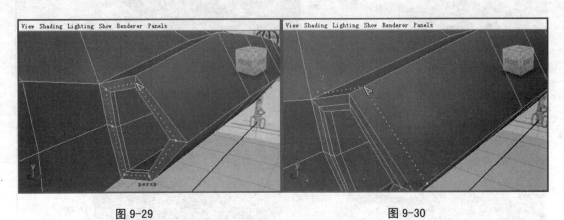

图 9-29   图 9-30

（7）在侧视图找到相应位置的点，用移动工具对其调整，如图 9-31 所示。

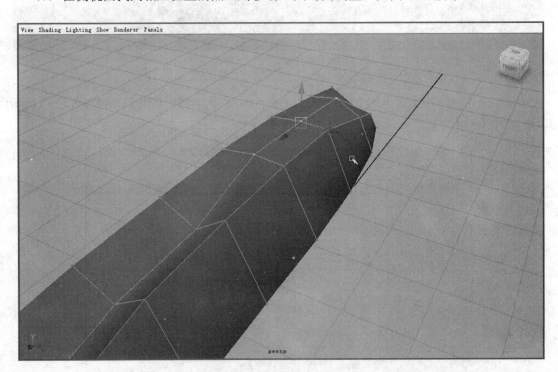

图 9-31

（8）单击工具架中 按钮，使用环加线工具加一条线，如图 9-32 所示。

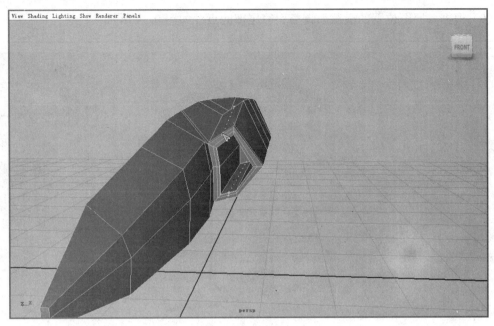

图 9-32

　　继续调整点,如图 9-33 所示。要注意的是,每次加线之后一定要调整相关点,使模型的形状尽量美观。否则,在后续步骤中加很多线后,相应的点会更多,容易造成不必要的麻烦,所以每加一条线都要调整点,在选点的时候不要多选,调点是非常重要的步骤,一定要尽量多花时间,调整得尽量美观,最好参照参照图。

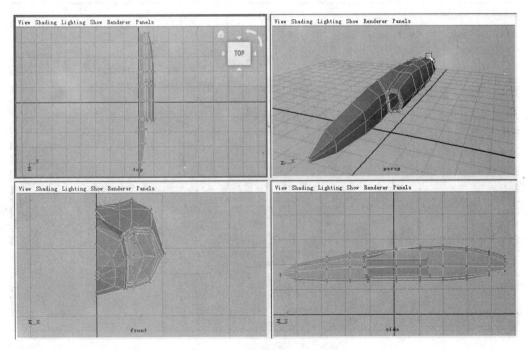

图 9-33

（9）根据参照图位置的横截面调整引擎尾部的点，如图 9-34 所示。

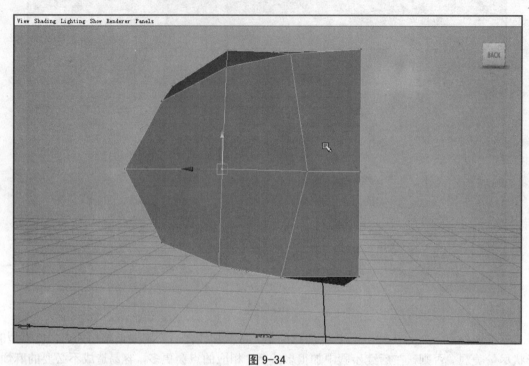

图 9-34

选中底部外侧的四个面，单击 🎞 （挤出）按钮，进行整体缩放，如图 9-35 所示。

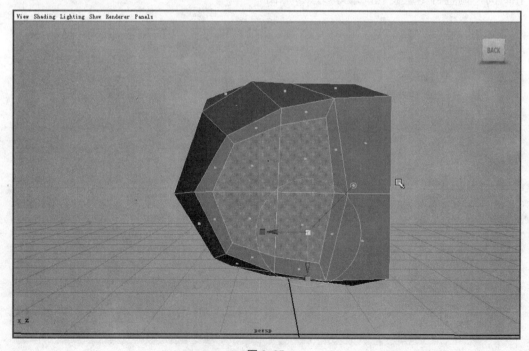

图 9-35

（10）对中间的八边形调整点，使其尽量变成正八边形，如图 9-36 所示。

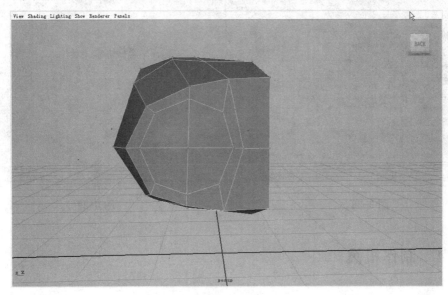

图 9-36

选中正八边形的四个面，单击 ▦（挤出）按钮，向内挤出一小段，再次单击 ▦ 按钮，或按键盘的【g】键，向内挤出，如图 9-37 所示。

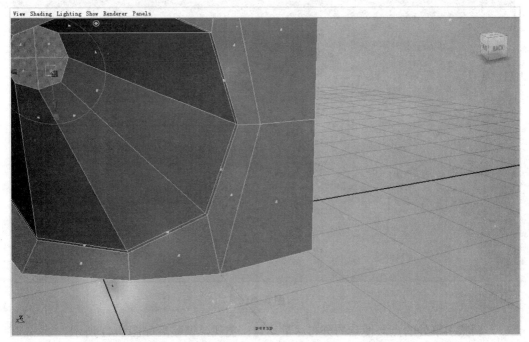

图 9-37

（11）使用 ▦（环加线）工具在尾部引擎处加两条线，如图 9-38 和图 9-39 所示。

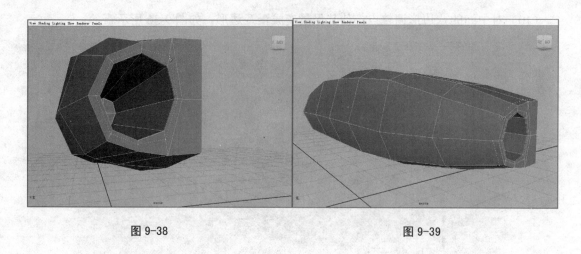

图 9-38　　　　　　　　　　　　　　　　　图 9-39

9.4　制作机翼

（1）使用 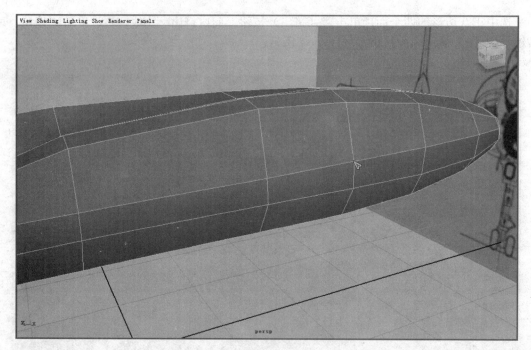 工具，加一圈线，如图 9-40 所示。

图 9-40

（2）调整引擎处的点，使点的分布尽量均匀、美观，调整后如图 9-41 所示。

（3）根据侧视图和顶视图中机翼的位置，选择两个面，如图 9-42 所示。

（4）单击工具栏中的 （挤出）按钮，点击小圆圈改变坐标系，然后向外移动，根据顶视图确定其位置。如图 9-43 所示。

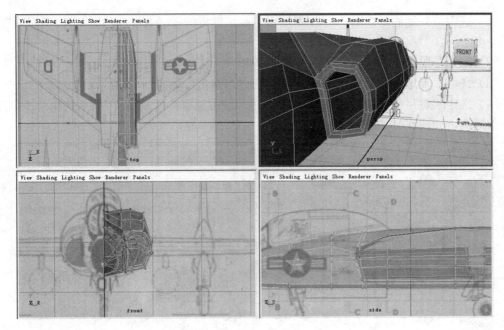

图 9-41

（5）在顶视图移动点，使其跟参考图一致，如图 9-44 所示。

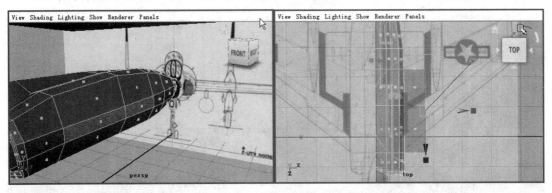

图 9-42   图 9-43

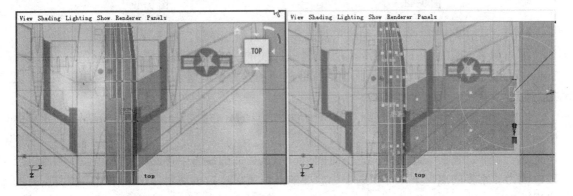

图 9-44   图 9-45

（6）选中最外侧的两个面，单击 ![] 按钮，或按键盘的【g】键，向外挤出，参照顶视图。如图 9-45 所示。

（7）根据参照图在顶视图调整点，如图 9-46 所示。

（8）选中机翼尾部外侧的面，单击 ![] 按钮向后挤出，如图 9-47 所示。

（9）选中机翼尾部内侧的面，单击 ![] 按钮，或按键盘的【g】键，向后挤出，中间要留出一条缝隙，如图 9-48 和图 9-49 所示。

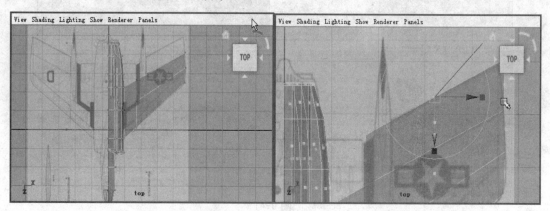

图 9-46   图 9-47

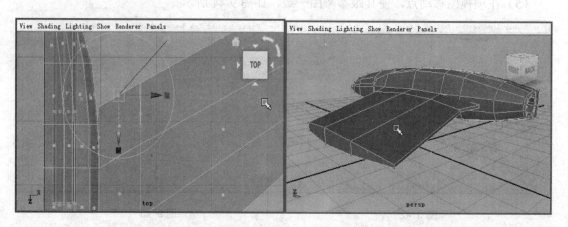

图 9-48   图 9-49

（10）单击 ![] 按钮，使用环加线工具加线，一共加九条线，如图 9-50 所示。

因为机翼的边缘不是很圆滑，所以这里加线的目的是将边缘硬化，这样在后面进行 Smooth 的时候边缘就会比较硬。而前面加线的目的是为了造型，加线以后，点也就多了，更加方便造型。

(11)对细节进行调整，再仔细观察每个地方的点的分布是否合理。最后的结果如图 9-51 所示。

这一步非常重要，如果有位置不对的点，那么后面的制作中再发现问题就会非常难以修改，因为非常多的点，不太容易选中你想要的点，所以一定要观察仔细，在这一步将所有的错误改正。

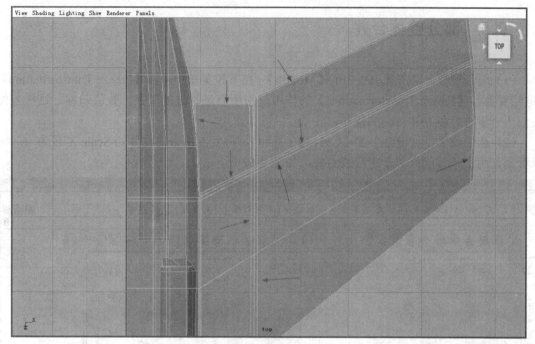

图 9-50

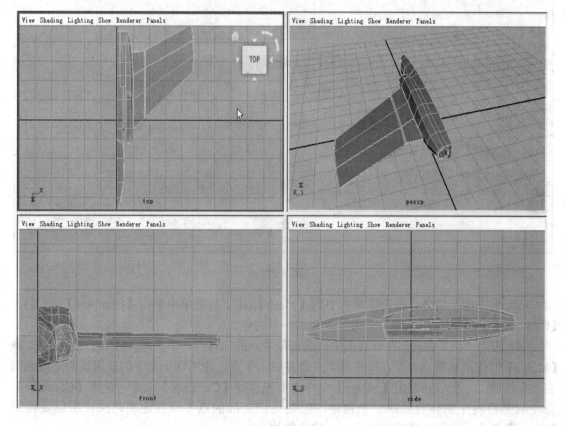

图 9-51

9.5 部分整体合并

（1）选中模型，单击菜单栏中的【Modify】，在下拉菜单中单击【Freeze Transformations】（冻结变换）。【Freeze Transformations】的作用是将所有进行过的变换，数值归零。这样方便我们下一步进行复制和对称的操作。

（2）选中物体，按键盘上的【Ctrl+d】（复制），将复制出来的物体的 Scale X 设为-1。可以看到，两个物体刚好关于中心线对称。如图 9-52 所示。

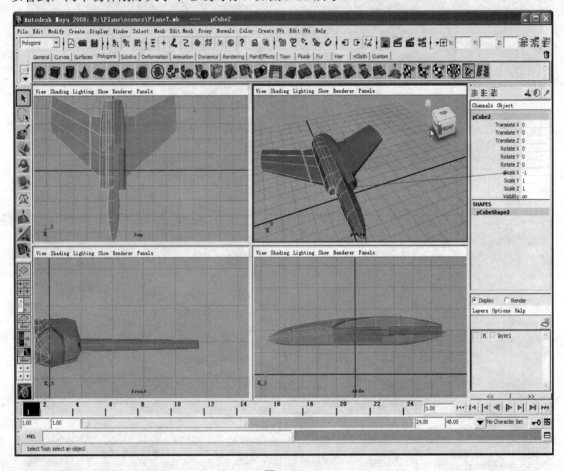

图 9-52

（3）选中两个物体，单击菜单栏中的【Mesh】,在下拉菜单中单击【Combine】(合并)。【Combine】命令的作用是将多个物体合并成一个物体。

（4）进入"点"模式，在前视图中，选择最中间的一排点，单击 （Merge 合并点）。【Merge】的作用是将点合并，即将两个点合并成一个点，使用这个命令的前提是两个点必须在一个物体上，所以在使用【Merge】命令前要先执行【Combine】命令。使用【Combine】命令只是将两个物体合并成一个物体，但是他们之间的点并没有连接起来，所以要使用【Merge】命令，将两个物体完全变成一整个物体。

（5）选中机身尾部中间的六个面，单击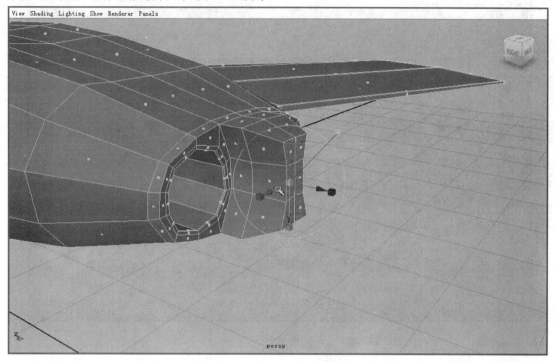按钮，向外挤出，按键盘上的【g】键，再次向外挤出，然后进行略微缩放。如图 9-53 所示。

图 9-53

（6）对挤出的部分进行点的调整，在侧视图中看到它是一个半圆形状，如图 9-54 所示。

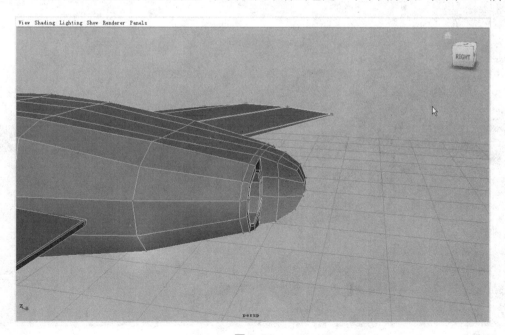

图 9-54

（7）使用 ▦（环加线）工具在引擎尾部加两条环线，如图 9-55 所示。

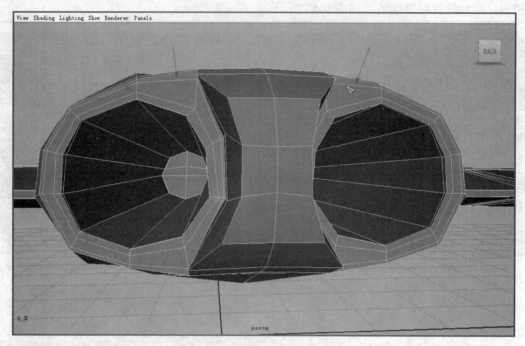

图 9-55

调整点，如图 9-56 所示。

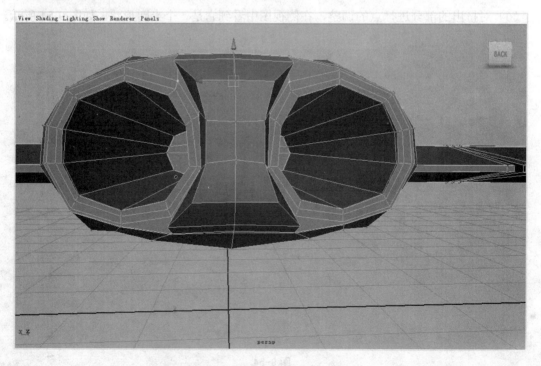

图 9-56

选中引擎尾部的一圈面（两边都要选），如图 9-57 所示。

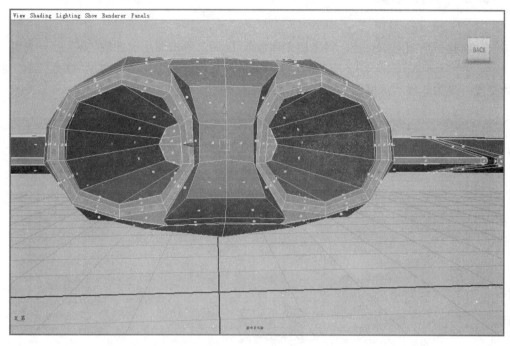

图 9-57

使用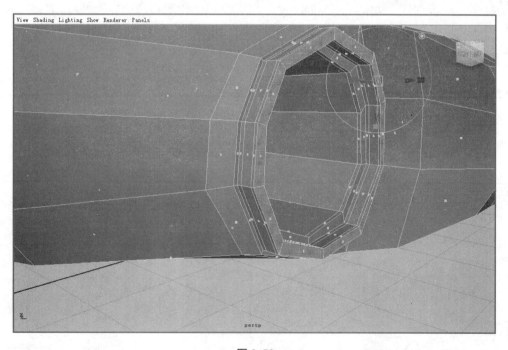（挤出）工具，向外挤出三次，如图 9-58 所示。

图 9-58

9.6　制作尾翼

（1）新建一个图层 layer2，将飞机主体放入 layer2 单击图层前面的"V"字，使其消失（隐藏图层）。单击（创建多边形立方体），修改历史参数，宽为 2 段、高为 3 段、深度为 5 段。如图 9-59 所示。

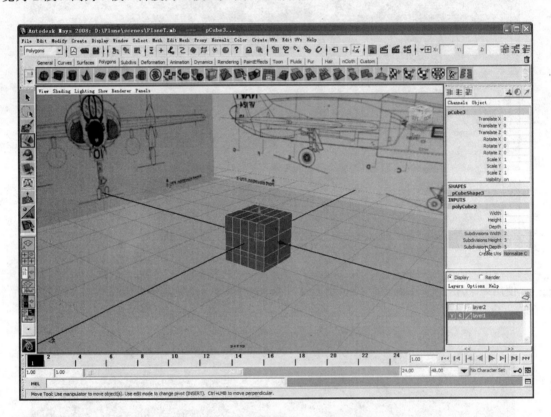

图 9-59

（2）在侧视图中，将立方体移动到尾翼位置。如图 9-60 所示。

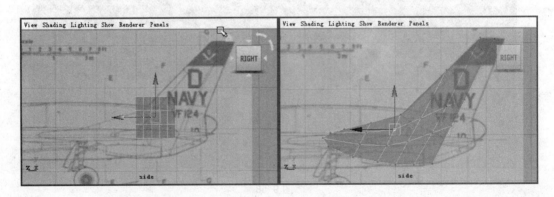

图 9-60　　　　　　　　　　　　　　　　　图 9-61

进入【点】模式,在侧视图中,参照参考图移动点使立方体的形状符合尾翼的形状。如图 9-61 所示。切换回物体模式,在前视图,参照参考图,缩放尾翼的宽度,使之相符合。如图 9-62 所示。

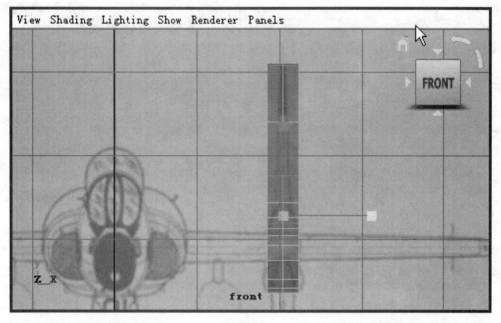

图 9-62

(3)根据前视图,通过调整点使尾翼的形状更圆滑,具有流线型,上边缘要很窄,尾翼的前半部分要较宽,后半部较窄。调整完之后如图 9-63 所示。调整点的时候可以使用【移动工具】的【Reflaction】选项,对称调整。要注意,调整完以后,尾翼要有流线型。

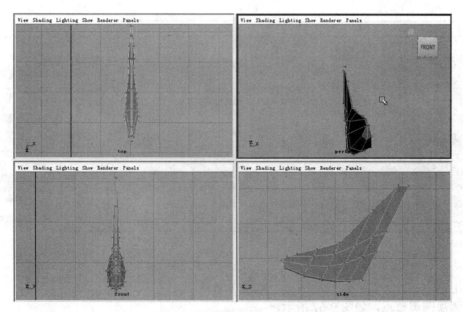

图 9-63

在拐弯处使用 ![]（环加线）工具加一圈线，使过度硬一些（参考侧视参照图）。如图 9-64 所示。

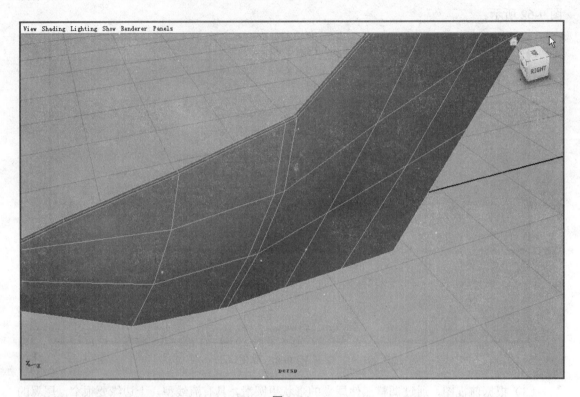

图 9-64

选中尾翼背面的所有面，如图 9-65 所示。

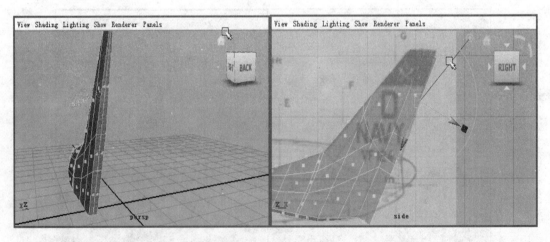

图 9-65　　　　　　　　　　　　　　　　图 9-66

使用 ![]（挤出）工具，向后挤出。如图 9-66 所示。

在侧视图调整点，如图 9-67 所示。

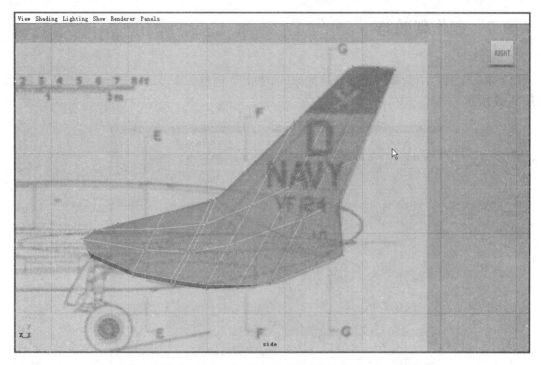

图 9-67

（4）使用 ▓（环加线）工具，在边缘加六条线，目的是使边缘硬化。如图 9-68 所示。

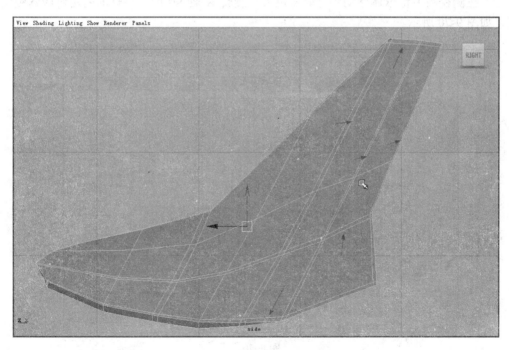

图 9-68

（5）调整点，使尾翼更具有流线型。

9.7 制作驾驶舱

（1）单击工具栏中的 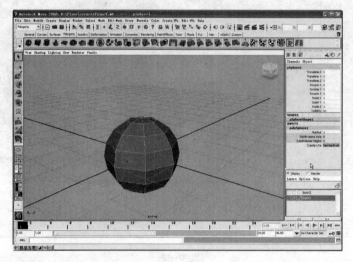（创建多边形球体）按钮，创建一个多边形球体，修改历史参数，如图 9-69 所示。

图 9-69

（2）在侧视图中将球体移动到驾驶舱位置，旋转 X 轴 90 度，使球的两端对应驾驶舱的两端，如图 9-70 所示。

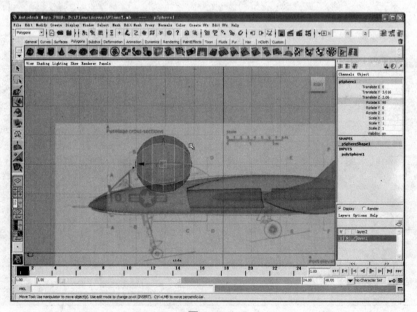

图 9-70

在前视图对其进行缩放，如图 9-71 所示。

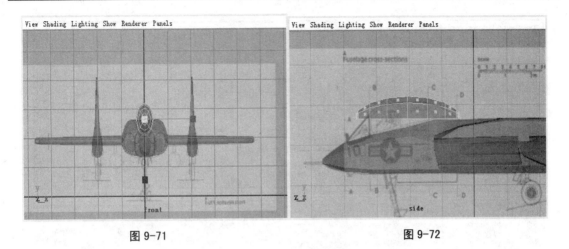

| 图 9-71 | 图 9-72 |

在【面】模式中删除下半部分的面，如图 9-72 所示。在侧视图和前视图中，调整点，调整以后，要在透视图中检查一下，确保其形状较为圆滑，如图 9-73 所示。

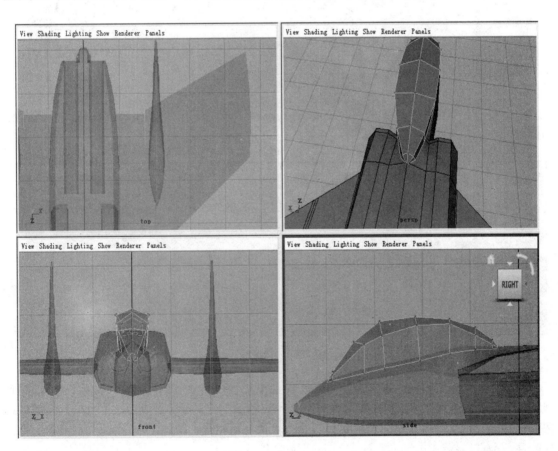

图 9-73

（3）进入【面】模式选择机身的一半，删除，如图 9-74 所示。

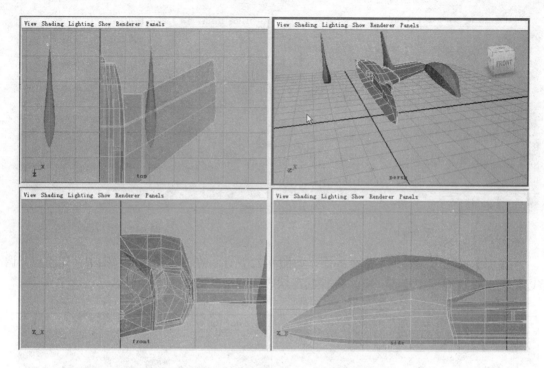

图 9-74

选中机身，单击工具栏中的 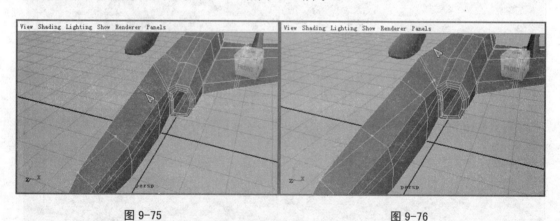（Split Polygons Tool 分割多边形工具）按钮，根据机舱的位置，在机身分割多边形。如图 9-75 和图 9-76 所示。

图 9-75　　　　　　　　　　　　　　　　　　图 9-76

（Split Polygons Tool）的使用方法：在线上加点，加完一个点后可以按鼠标中间进行移动，也可以加点时按住鼠标不放移动，不能越点移动，加完所有点以后按【回车】结束（或按鼠标右键）。如图 9-76 第一个点和最后一个点都在原来点的位置上，这样分割完以后，此处就是一个点。

根据调整好的机舱盖，调整一下机身上的点。

复制机身并合并。

将机身上分割的面删除，露出机舱的位置。如图 9-77 所示。

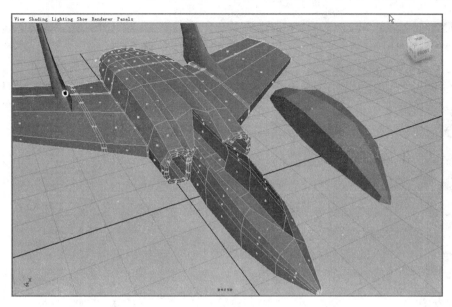

图 9-77

按键盘上的数字【4】键（以线条方式显示），如图 9-78 所示。

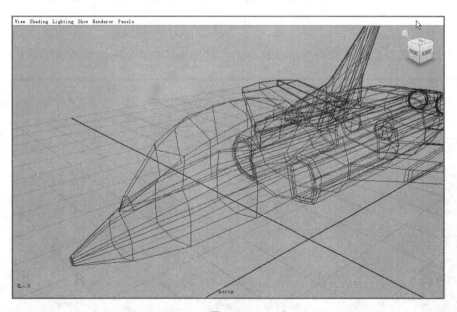

图 9-78

按数字【5】键是默认材质显示模式，数字【6】键是贴图显示模式，数字【7】键是灯光显示模式，为了方便可以切换。

选中机舱盖和机身，单击菜单栏的【Mesh】→【Combine】（合并）命令，将两个物体合并成一个。

（4）进入【点】模式，分别选择机身和舱盖对应的点，单击菜单栏【Edit Mesh】→【Merge to Center】（合并到中心）命令，如图 9-79 所示。

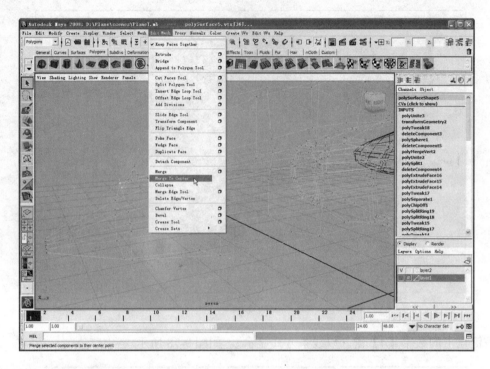

图 9-79

（5）将机舱盖的点和机身可以对应的点都合并起来，如图 9-80 所示。

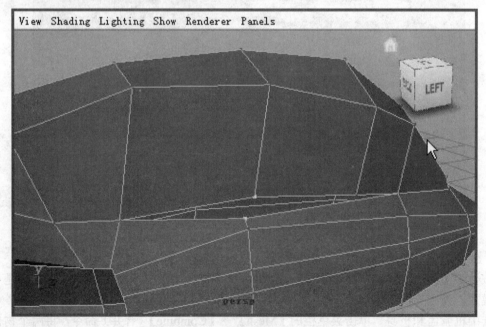

图 9-80

（6）在图中位置使用 ▦（环加线）工具，加一条线，然后将其与舱盖对应的点合并。如图 9-81 所示。

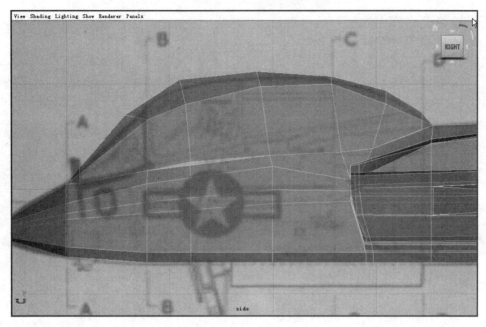

图 9-81

（7）现在发现机舱盖上多两条线，选中两条线，执行菜单栏中【Edit Mesh】→【Delete Edge/Vertex】命令（删除线和点）。如图 9-82 所示。

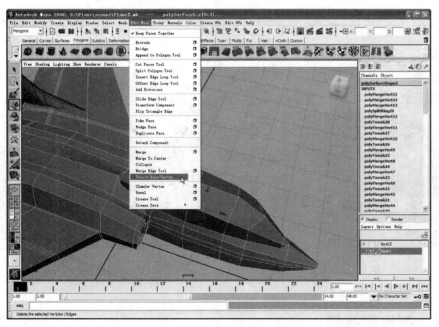

图 9-82

这里不能选中线之后直接按键盘的【Delete】键直接删除，因为这样只是把线删除了，点没有删除，所以要使用【Delete Edge/Vertex】命令，将线和点都删除。

（8）在侧视图中调整点，如图 9-83 所示。

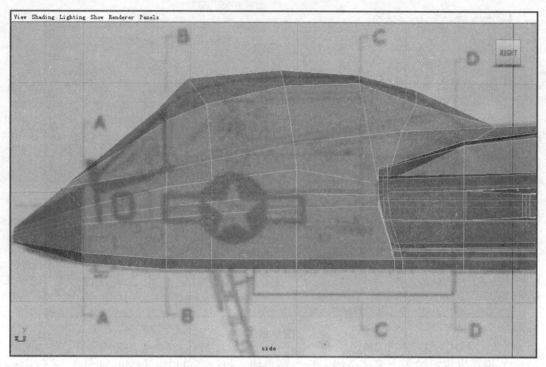

图 9-83

（9）使用 ▦ （环加线）工具，在图中位置加四条线，使边缘硬化。如图 9-84 和图 9-85 所示。

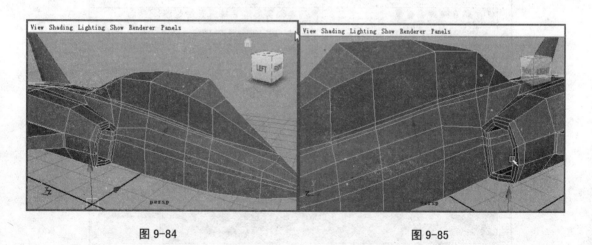

图 9-84   图 9-85

9.8   制作起落架

（1）单击工具栏中 Polygons 的 ▦ （创建多边形圆柱体）按钮，如图 9-86 所示。

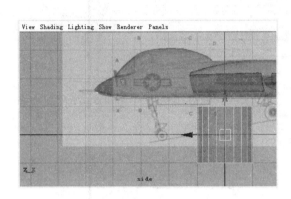

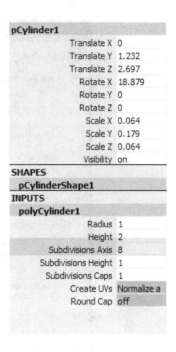

图 9-86　　　　　　　　　　　　　图 9-87

在通道栏中更改历史参数，如图 9-87 所示。在侧视图中将圆柱体移动到相应位置并缩放至合适大小，如图 9-88 所示。

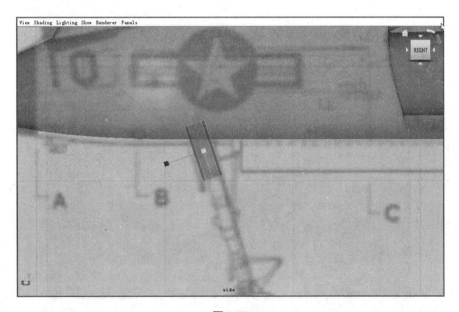

图 9-88

旋转以后，可以改变坐标系来方便移动：双击工具栏中的◄（移动工具）按钮，打开【Tool Setting】对话框，在【Move Axis】选择【Object】，如图 9-89 所示。

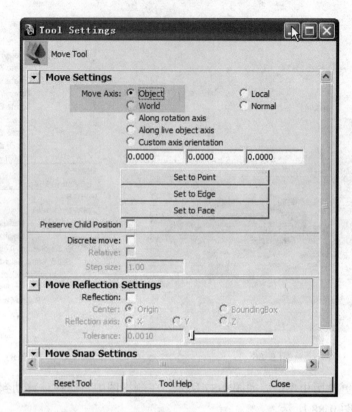

图 9-89

（2）选中底面的所有面，如图 9-90 所示。

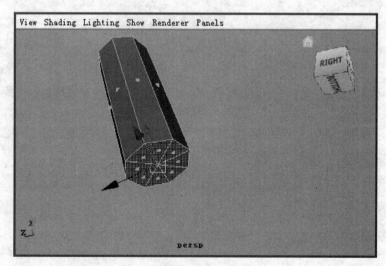

图 9-90

单击工具栏中 Polygons 的 （挤出）按钮，向外挤出两次，制作成液压装置的形状，如图 9-91 所示。

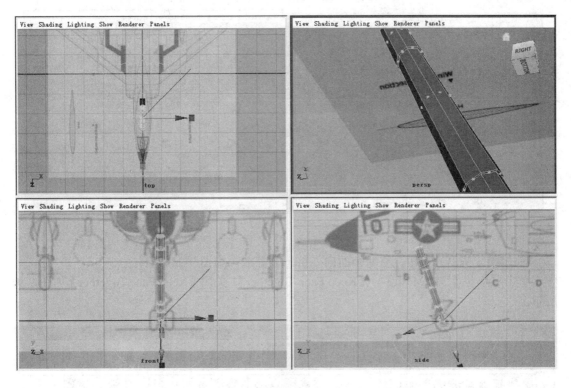

图 9-91

（3）单击工具栏中 Polygons 的 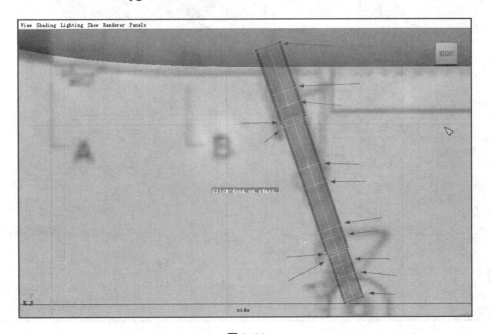（环加线）工具，加 14 条线，如图 9-92 所示。

图 9-92

选中图中的两个面，如图 9-93 所示。

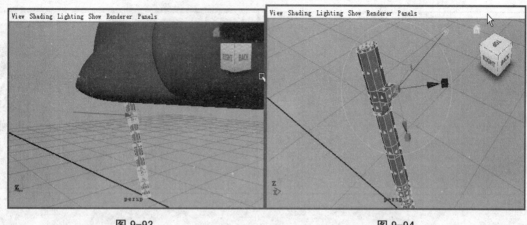

图 9-93　　　　　　　　　　　　　　图 9-94

　　单击 ![]（挤出）按钮，将两个面向外挤出并缩放。如图 9-94 所示。

　　单击菜单栏【Edit Mesh】→【Keep Face Together】，关闭【Keep Face Together】如图 9-95 所示。

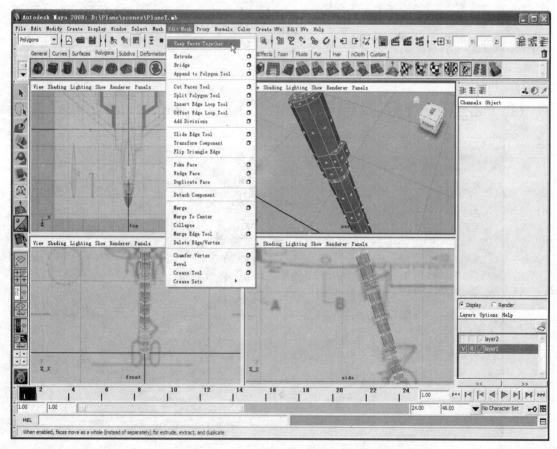

图 9-95

（4）选中刚挤出的两个面，再次执行 ![挤出图标]（挤出）命令，缩放，如图 9-96 所示。

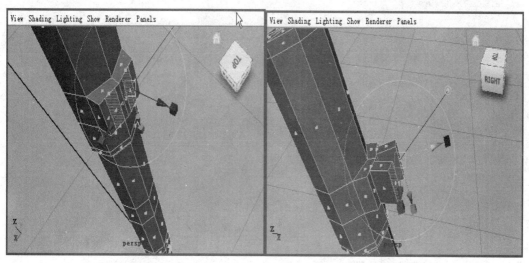

图 9-96   图 9-97

按键盘的【g】键再次执行【挤出】命令，向外挤出，如图 9-97 所示。调整点，如图 9-98 所示。

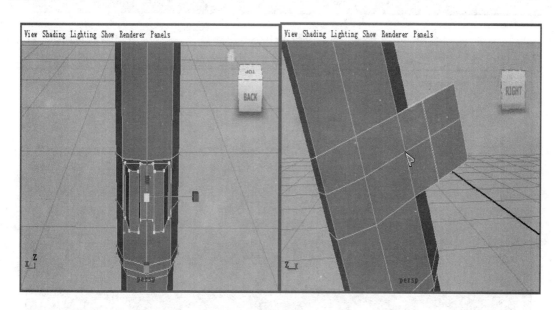

图 9-98   图 9-99

使用 ![环加线图标]（环加线）工具，在中间加一条线，如图 9-99 所示。调整点，如图 9-100 所示。

（5）使用 ![环加线图标]（环加线）工具，在图中位置加六条线。如图 9-101 所示。

（6）选中图中所示的一圈面，打开【Keep Face Together】选项，如图 9-102 所示。

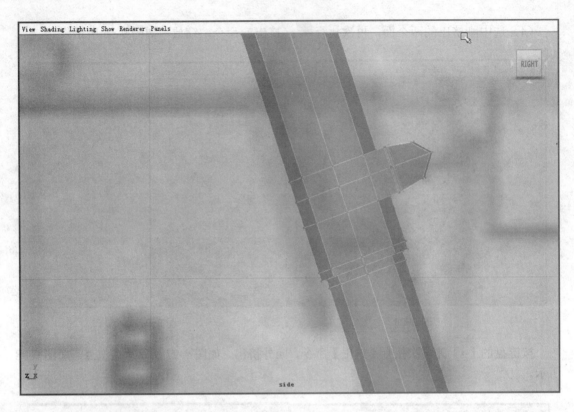

图 9-100

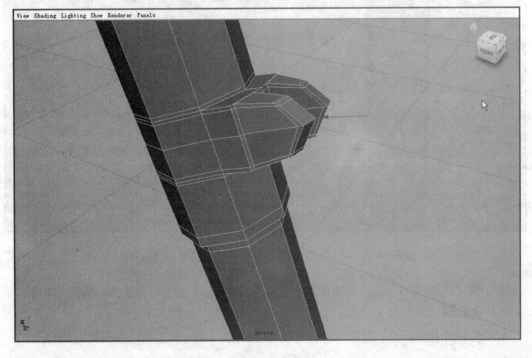

图 9-101

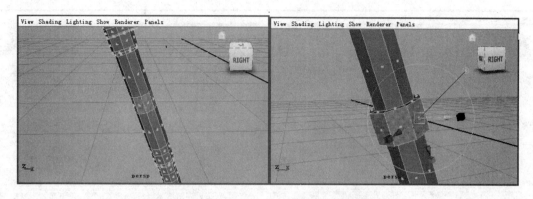

图 9-102   图 9-103

对选中的面进行 ▣（挤出）操作，向外挤出。如图 9-103 所示。选中图中的两个面，如图 9-104 所示。

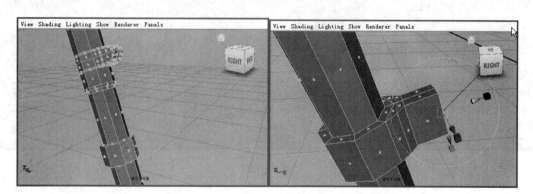

图 9-104   图 9-105

执行三次挤出操作，如图 9-105 所示。使用 ▣（环加线）工具，在中间加一条线，如图 9-106 所示。

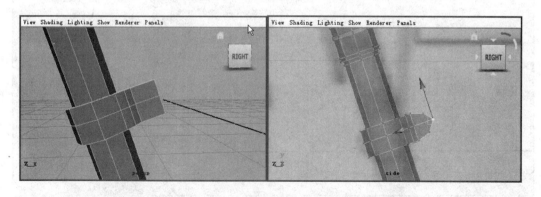

图 9-106   图 9-107

（7）调整点，如图 9-107 所示。在周围边缘加五条线，使其硬化，如图 9-108 所示。

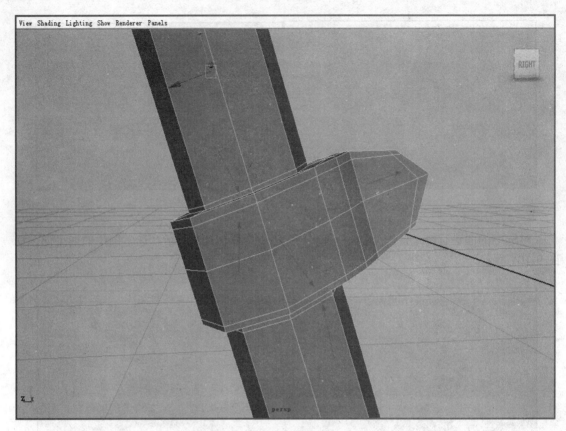

图 9-108

（8）选中图中的面，如图 9-109 所示。

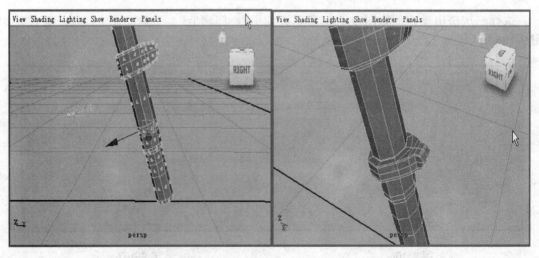

图 9-109   图 9-110

重复以上步骤操作，如图 9-110 所示。选中图中的面，如图 9-111 所示。

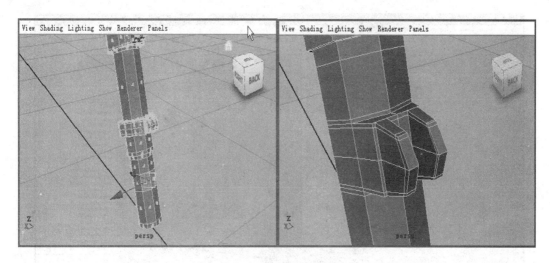

<table>
<tr><td>图 9-111</td><td>图 9-112</td></tr>
</table>

重复以上步骤操作, 如图 9-112 所示。选中底面的八条线, 如图 9-113 所示。

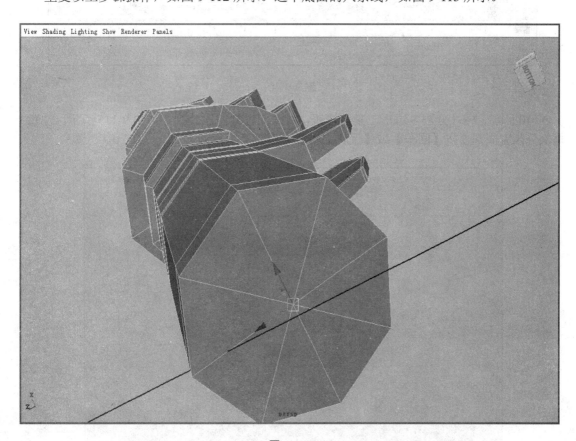

图 9-113

（9）执行【Edit Mesh】→【Delete Edge/Vertex】命令, 如图 9-114 所示。

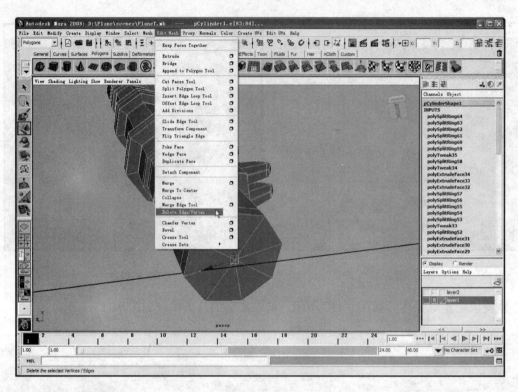

图 9-114

（10）单击 （分割多边形工具）按钮，对底面进行四次分割，如图 9-115 所示。注意：每次分割完成都要按【回车】或【鼠标右键】。

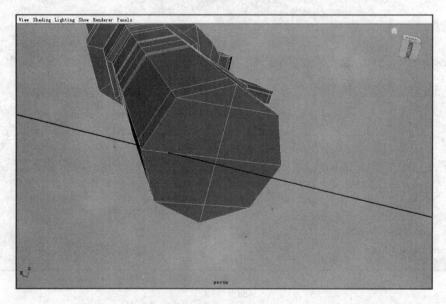

图 9-115

（11）使用 （环加线）工具，加两条线，如图 9-116 所示。

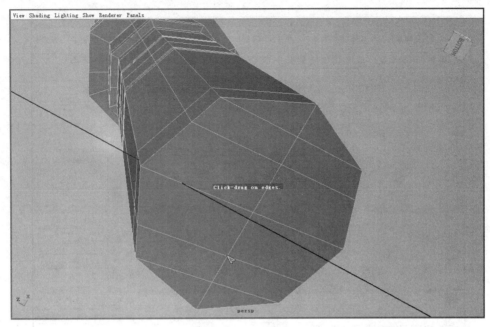

图 9-116

将中间四个面删除，如图 9-117 所示。

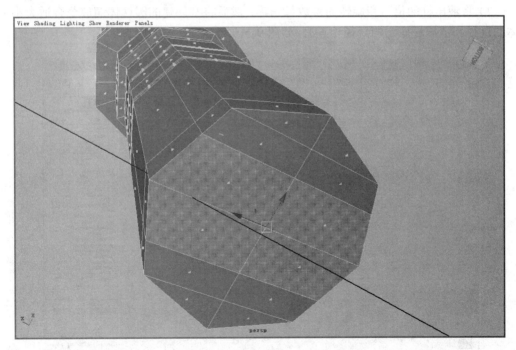

图 9-117

（12）单击工具栏中 Polygons 的 ▓（创建多边形圆柱体）按钮，修改历史参数，并旋转 Z 轴 90 度，如图 9-118 所示。

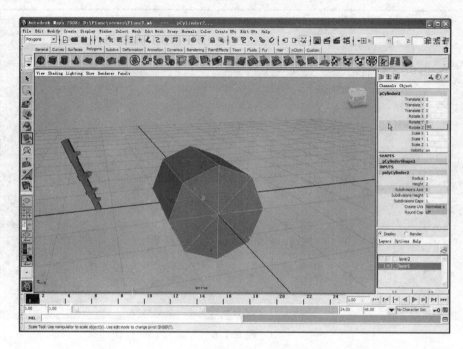

图 9-118

（13）将液压杆的位移和旋转的参数都归零，然后将刚创建的圆柱体缩放至合适大小（圆柱体的直径和液压杆底部的直径相等），如图 9-119 所示。

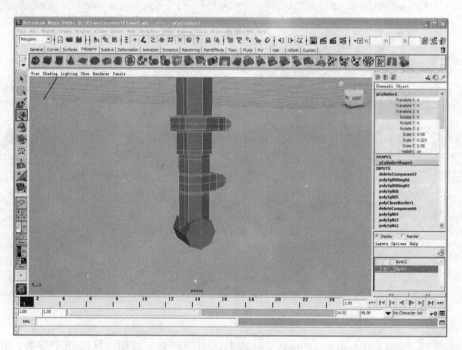

图 9-119

（14）将圆柱体的高度缩放至与液压杆底部缺口相当，更改历史中的参数，如图 9-120 所示。

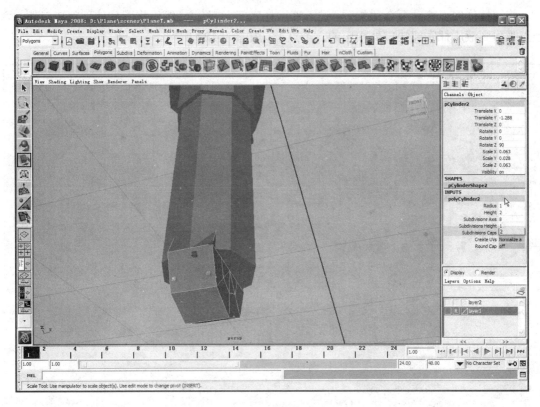

图 9-120

（15）将圆柱体顶部的两个面删除，如图 9-121 所示。

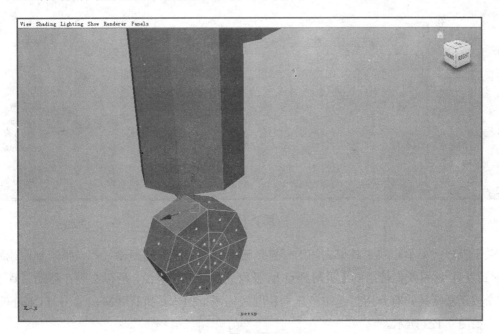

图 9-121

将圆柱体向上移动至合适位置（进入液压杆底部一部分），然后将圆柱体顶部缺口处的六个点吸附到液压杆底部缺口处相应的六个点上。如图 9-122 所示。

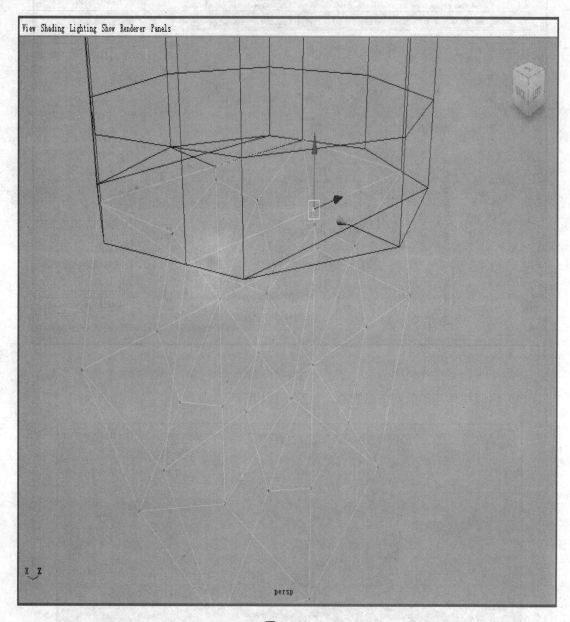

图 9-122

关于吸附：菜单栏和工具架之间的一排按钮中：▦（吸附到网格）◹（吸附到曲线）◌（吸附到点），这里我们使用的【吸附到点】。吸附只对于位移来说，所以必须在移动工具下上面三个按钮激活后才有作用。选中液压杆和圆柱体两个物体，执行【Mesh】→【Combine】命令，如图 9-123 所示。

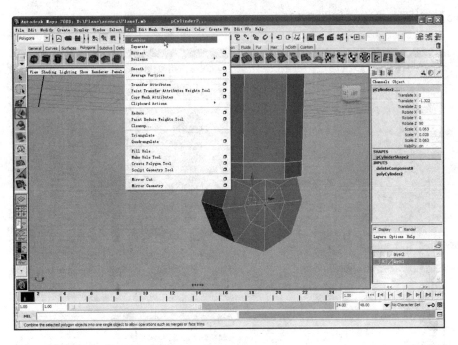

图 9-123

选中刚吸附到一起的六对点，单击工具栏中 Polygons 的 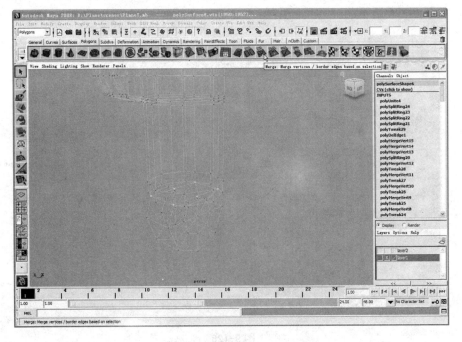（合并点）按钮将其合并。如
图 9-124 所示。

图 9-124

（16）进入【Edge】（边）模式，选中液压杆底部一边缺口周围的边，单击菜单栏【Mesh】→

【Fill Hole】（补洞）命令，如图 9-125 所示。

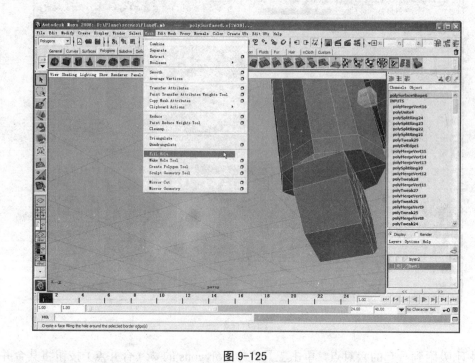

图 9-125

对另一边缺口执行相同的操作。使用 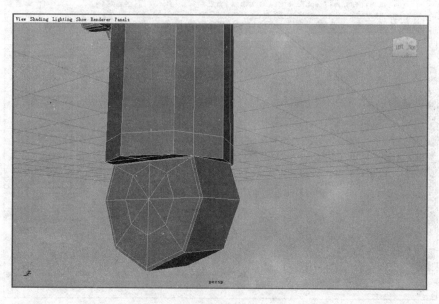（环加线）工具，在圆柱体上加线，正面反面各加一条，如图 9-126 所示。

图 9-126

（17）在侧视图中将其移动到相应位置。如图 9-127 所示。

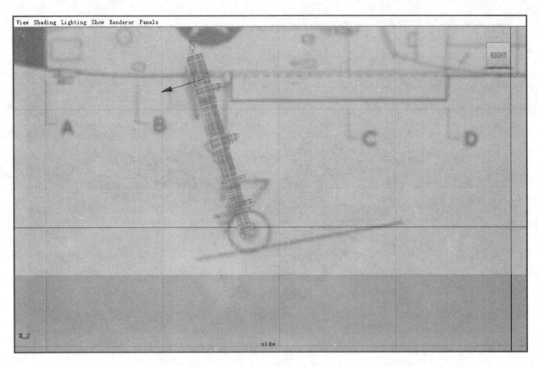

图 9-127

（18）单击 ▦（创建多边形立方体），创建一个立方体，通过缩放整体和点，将其变成如图所示的形状。如图 9-128 所示。

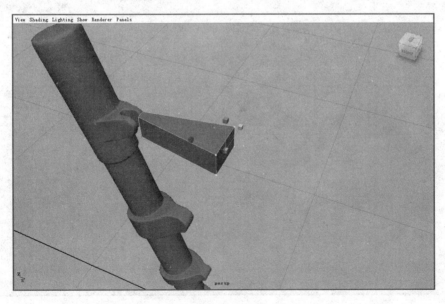

图 9-128

（19）选中较窄一边的面，单击 ▦（挤出），将其向外挤出，如图 9-129 所示。

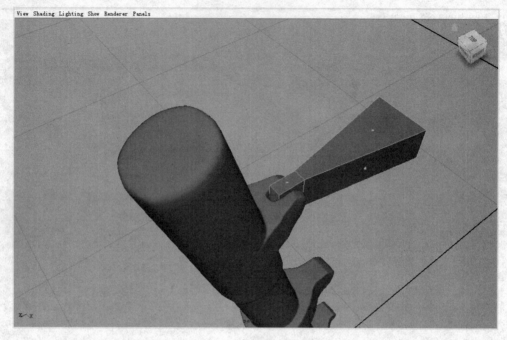

图 9-129

（20）在中间加一条线，如图 9-130 所示。

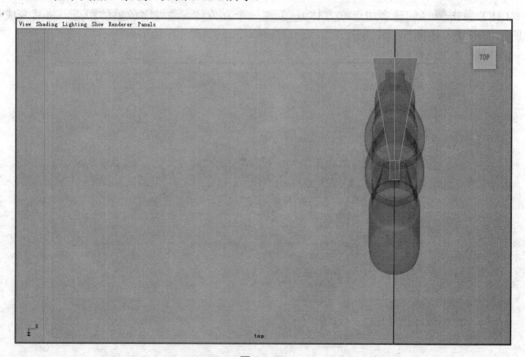

图 9-130

（21）关闭【Keep Face Together】功能，选中较宽一边的两个面，执行（挤出）命令，先缩放，如图 9-131 所示。继续调整点，如图 9-132 所示。

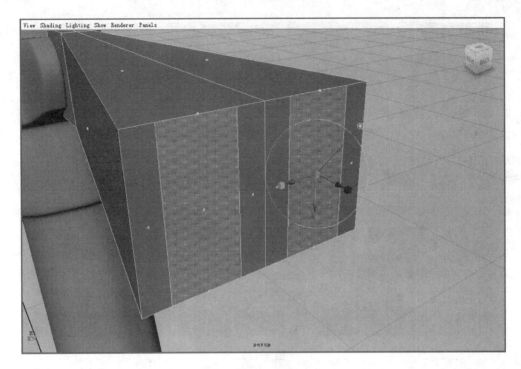

图 9-131

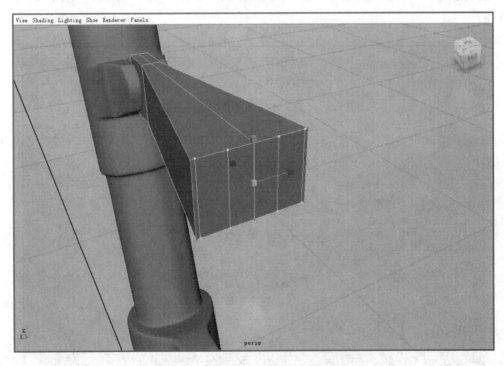

图 9-132

选中刚挤出的两个面，再次执行 ⬚（挤出）命令，向外挤出。如图 9-133 所示。

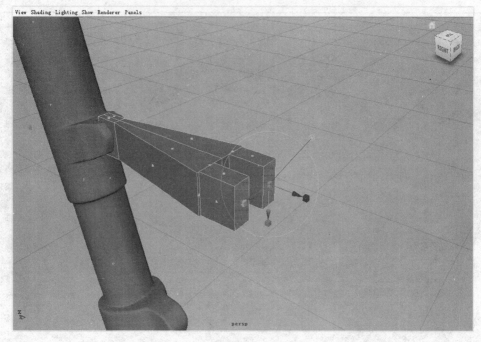

图 9-133

（22）使用 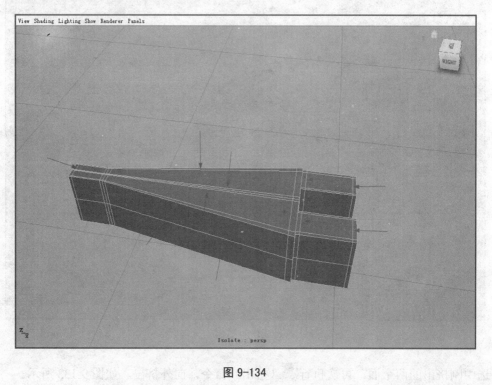（环加线）命令，加 12 条线，如图 9-134 所示。继续调整点，如图 9-135 所示。

图 9-134

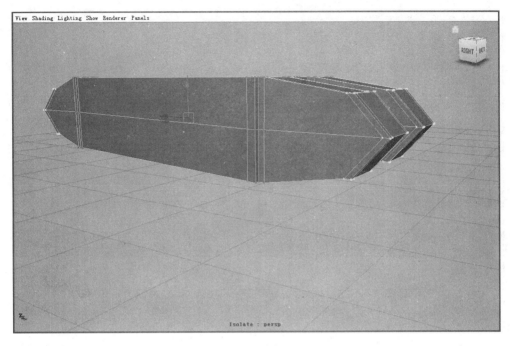

图 9-135

（23）按键盘的【Ctrl+d】将做好的杠杆复制一个，调整大小并移动到相应位置。如图 9-136 所示。

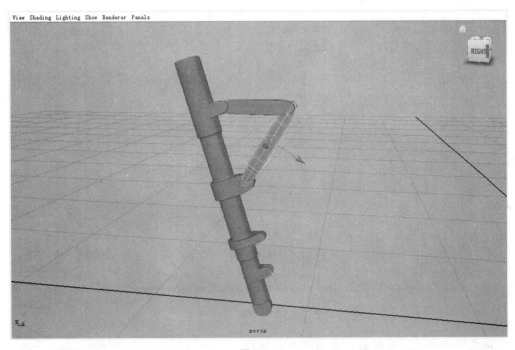

图 9-136

（24）再复制两个杠杆，进行缩放和移动，如图 9-137 所示。

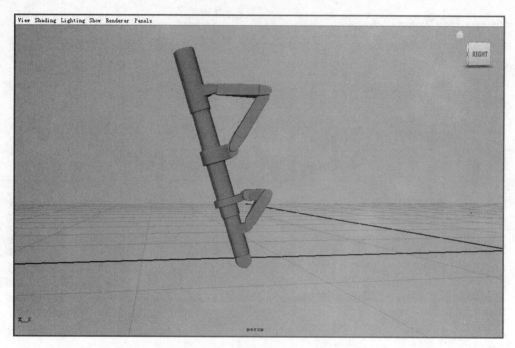

图 9-137

（25）单击 ，创建一个多边形圆柱体，通过移动、旋转、缩放，将其放到图中位置，如图 9-138 所示。

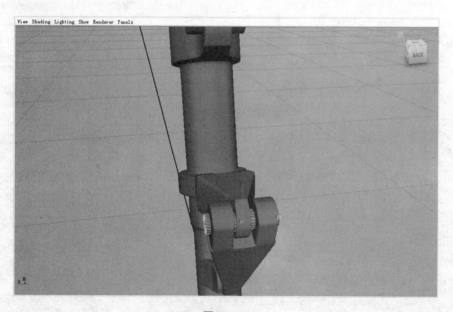

图 9-138

在通道栏中修改历史参数，使用 （环加线）工具，在圆柱体的两端各加一条线。如图 9-139 所示。

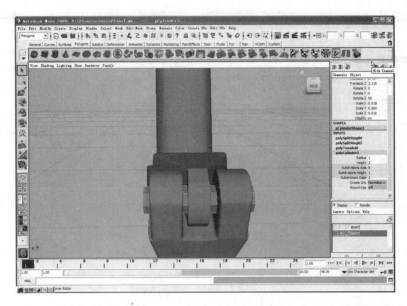

图 9-139

按键盘上的【Ctrl+d】将圆柱体轴承复制多个，并移动到杠杆连接处，如图 9-140 所示。

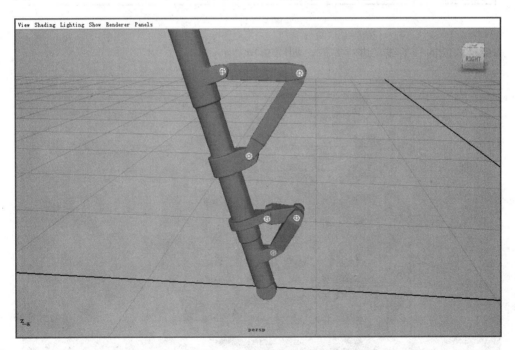

图 9-140

　　单击工具栏中 Polygons 的 （创建多边形圆环），修改通道栏中的参数，并缩放至合适大小，如图 9-141 所示。

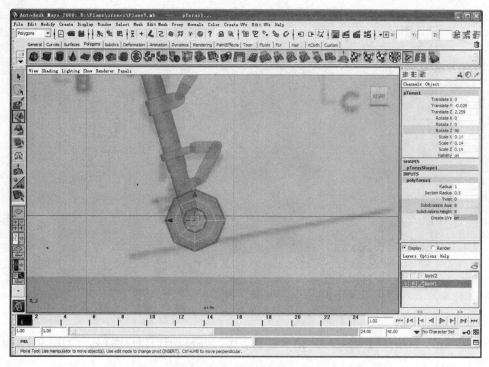

图 9-141

选中最内圈的一条线，进行缩放，如图 9-142 所示。

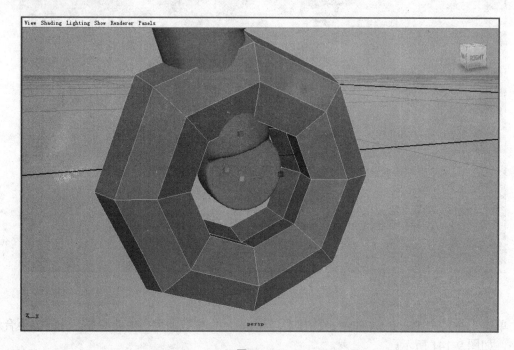

图 9-142

选中两侧外边的一圈线，向内移动，如图 9-143 所示。

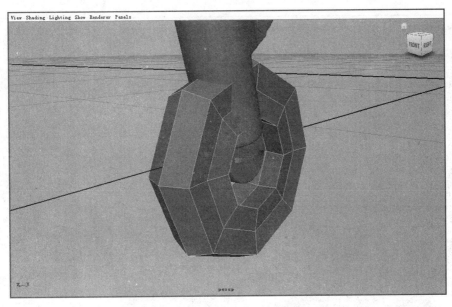

图 9-143

（26）单击 创建一个多边形圆柱体，通过缩放、移动、旋转放到轮胎中央，修改通道栏中的参数，如图 9-144 所示。

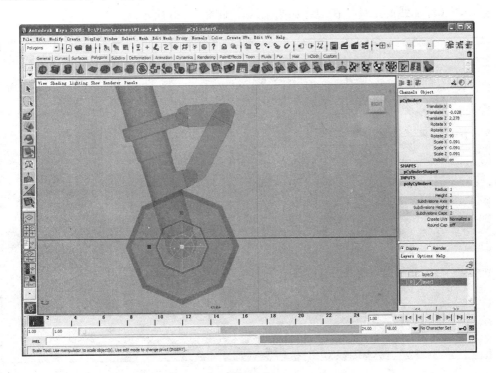

图 9-144

缩放圆柱体中间的一圈线之边缘（两侧都要），如图 9-145 所示。

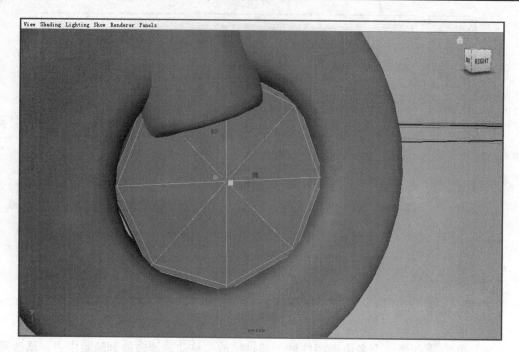

图 9-145

使用工具，在边缘加两条线，如图 9-146 所示。

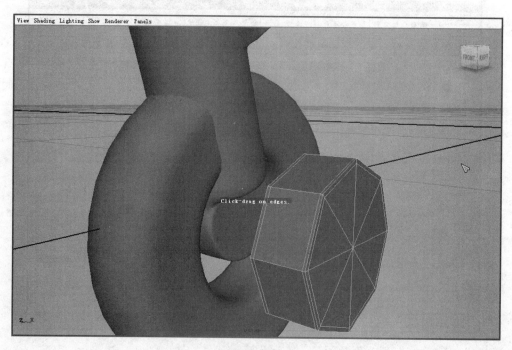

图 9-146

选中圆柱体一侧中间的所有面，执行命令，挤出两次，两次都是缩放。将面删除。如图 9-147 所示。

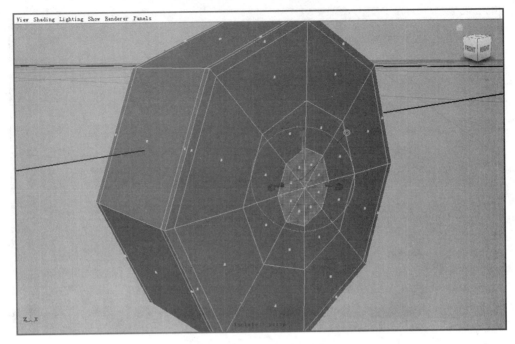

图 9-147

如图选中边缘的面和中间的面向外挤出两次，如图 9-148 所示。

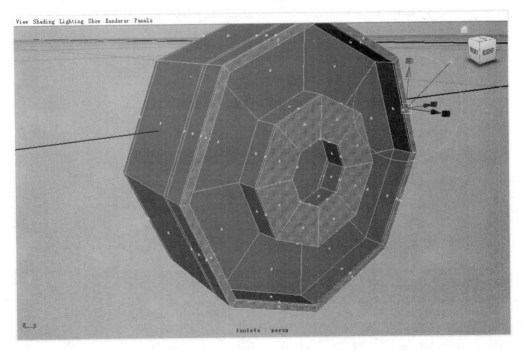

图 9-148

（27）使用环加线工具，加条线，如图 9-149 所示。

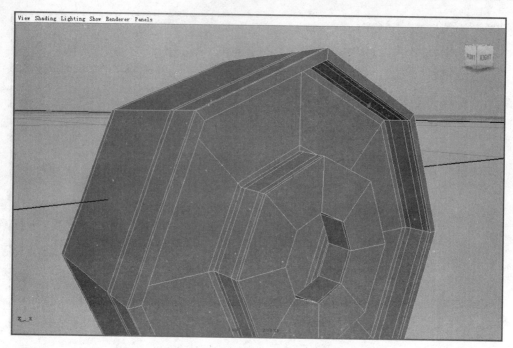

图 9-149

在另一侧，选中中间的所有面并挤出多次，将中间的面删除。如图 9-150 所示。

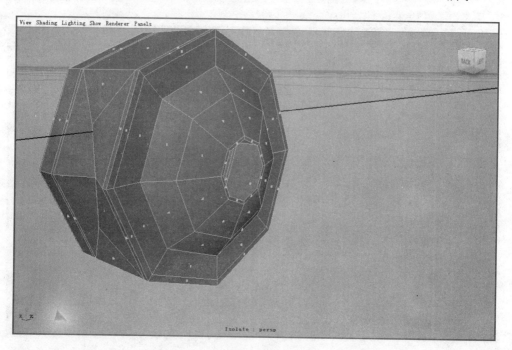

图 9-150

选中最边缘和最中间的面挤出两次，如图 9-151 和 9-152 所示。

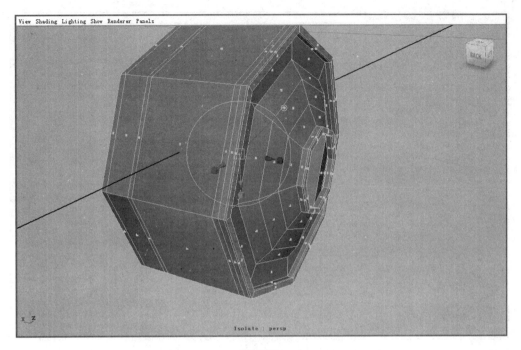

图 9-151

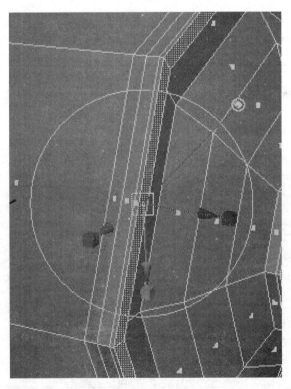

图 9-152

使用环加线工具，在图中边缘处加几条线，如图 9-153 所示。

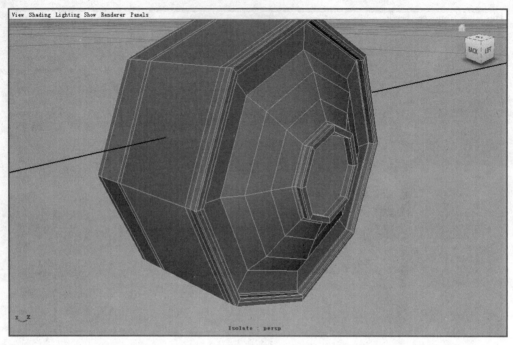

图 9-153

（28）选中轮胎和胎圈，按键盘的【Ctrl+g】将他们打组，即合为一组物体，按【Ctrl+d】复制一份，在前视图中调整至相应位置，如图 9-154 所示。

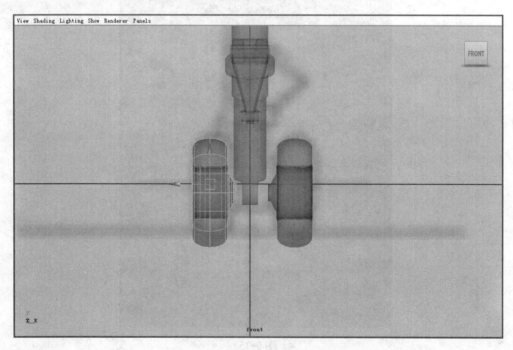

图 9-154

复制一个轴承，移动到轮胎中央，如图 9-155 所示。

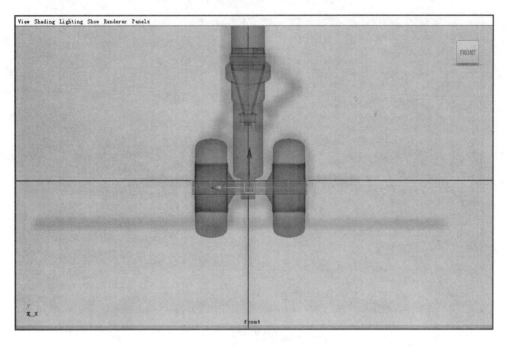

图 9-155

（29）单击 ![按钮] 按钮，创建一个圆柱体，缩放到合适大小并移动到相应位置，如图 9-156 所示。

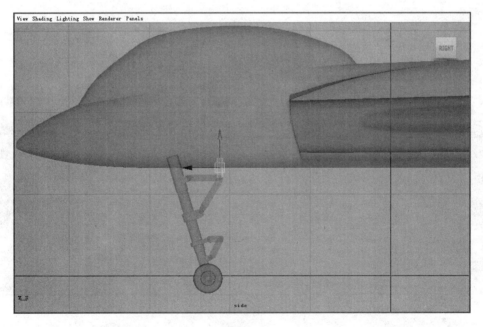

图 9-156

（30）选中液压杆，按键盘上的【Ctrl+d】将液压杆复制一个，并移动到后轮处，如图 9-157 所示。

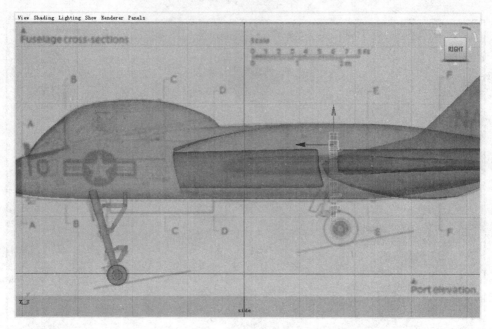

图 9-157

选中上面的面删除。如图 9-158 所示。

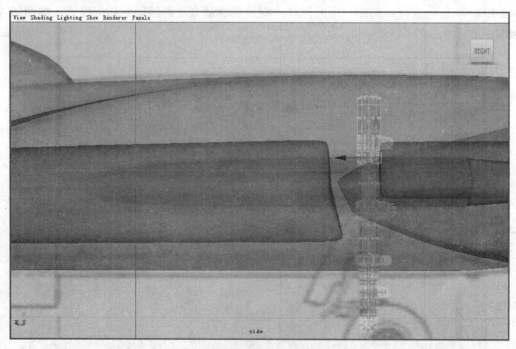

图 9-158

（31）选中前轮的杠杆及轴承，按键盘的【Ctrl+g】，将他们打成一组，然后按键盘的【Ctrl+d】
复制一个，移动到后轮，如图 9-159 所示。

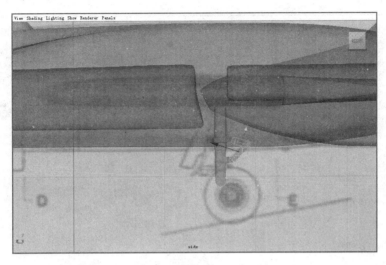

图 9-159

　　如果发现中心点不在物体的中心，可以单击菜单栏的【Modify】→【Center Pivot】命令，将中心点还原到物体中心。如图 9-160 所示。

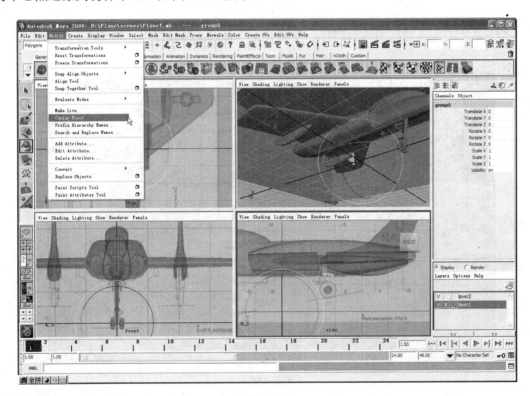

图 9-160

　　（32）选中轮胎和轮圈的【组】，按键盘的【Ctrl+d】将其复制一个，移动到后轮，缩放至合适大小。如图 9-161 所示。

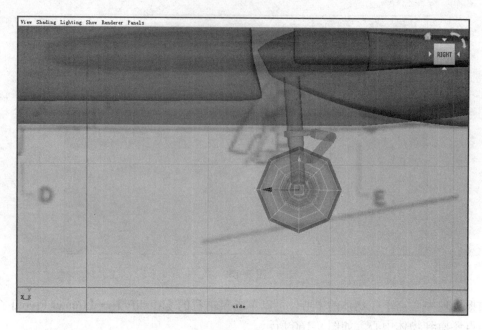

图 9-161

（33）选中后起落装置的所有物体。按键盘【Ctrl+g】，将其打组，如图 9-162 所示。

图 9-162

使用【Modify】→【Center Pivot】命令，将中心点还原。按键盘的【Ctrl+d】复制一个，移动到另一边，将通道栏中的【Scale X】改为-1。如图 9-163 所示。

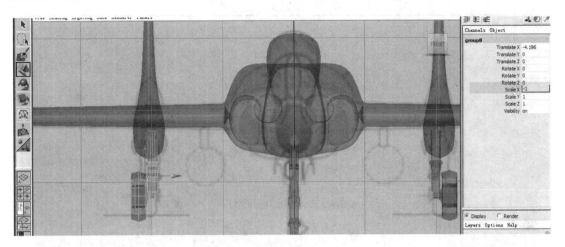

图 9-163

（34）选中所有物体，单击工具架中的 Polygons 下的 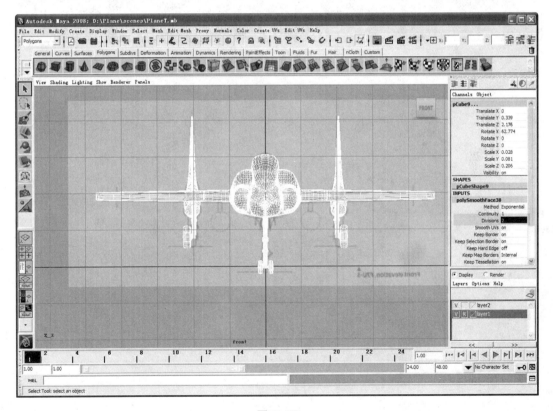（Smooth）按钮，进行平滑，若平滑程度不够可以更改通道栏历史中的【Divisions】参数为 2。如图 9-164 所示。

图 9-164

选中所有物体，按键盘的【Ctrl+g】，将其成组，并将中心点还原。如图 9-165 所示。

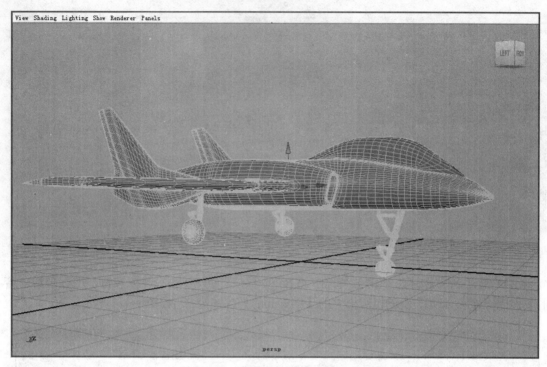

图 9-165

第 10 章　"飞机"渲染

10.1　UV 的展开

（1）按工具栏中 Polygons 标签中的▦按钮，打开【UV Texture Editor】窗口，如图 10-1 所示。

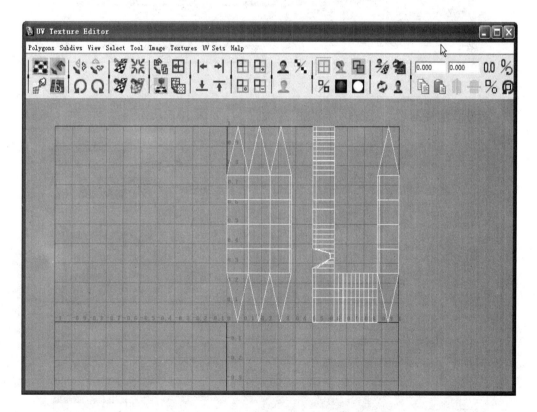

图 10-1

（2）先选中机身进入【边】模式，选中机身的所有边，点击【UV Texture Editor】窗口的 🐾（缝合 UV 边界）按钮。如图 10-2 所示。

拆分 UV 开始的这一步很重要，因为我们要通过先缝合所有 UV 边界，将模型的 UV 初始化，然后再根据需要切割我们自己的 UV 边界。

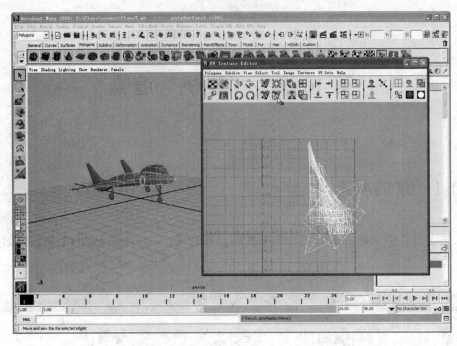

图 10-2

（3）选择要切开的边，点击 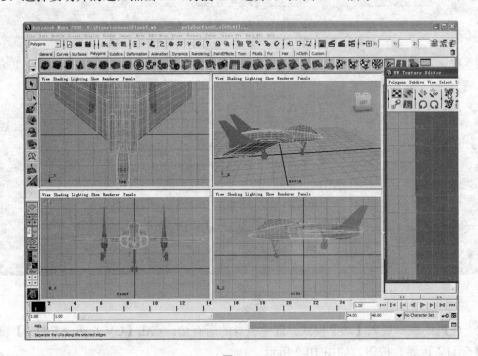 （切割 UV 边界），如图 10-3 所示。

图 10-3

切割好 UV 边界后，选中模型，点击菜单栏中【File】→【Export Selection...】，将模型以 obj 格式导出，如图 10-4 所示。

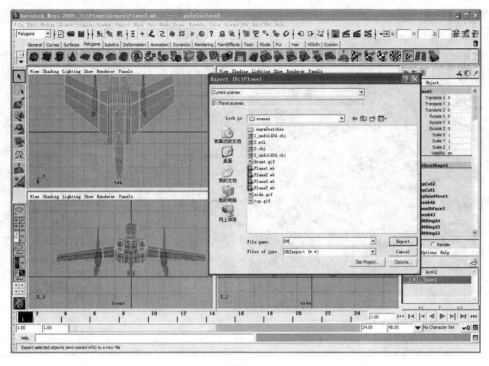

图 10-4

（4）在 Unfold3D 中，单击菜单栏的【File】→【Load UV...】，在弹出的对话框中选 UV.obj。
如图 10-5 所示。

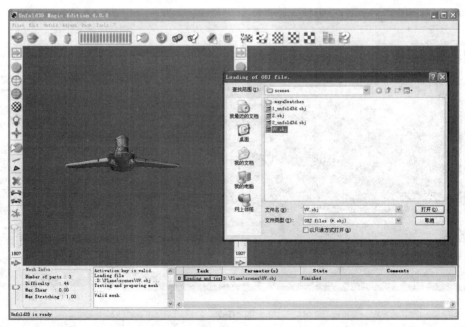

图 10-5

单击菜单栏下面一排按钮中的 ◢ （自动展 UV）按钮，如图 10-6 所示。

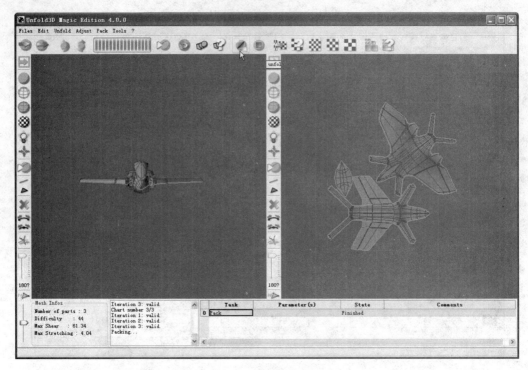

图 10-6

单击菜单栏中的【File】→【Save As...】，导出模型。

（5）同样的方法将尾翼展开，选中尾翼的所有边，单击 ![icon]（缝合 UV 边界）按钮，如图 10-7 所示。

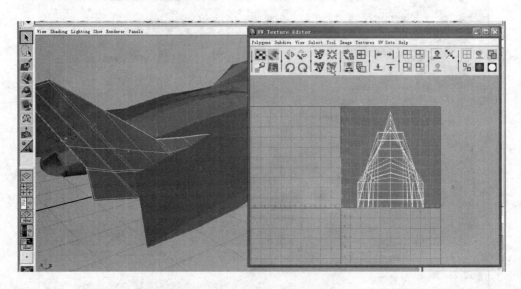

图 10-7

选择要切开的边，单击 ![icon]（切割 UV 边界），如图 10-8 所示。

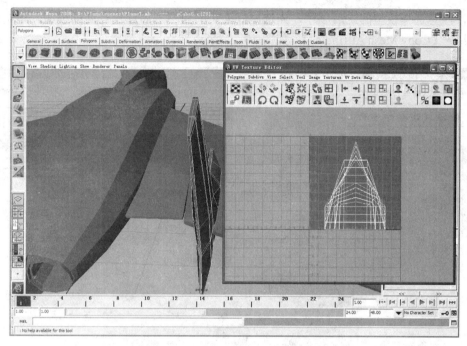

图 10-8

（6）选中尾翼，导出 obj，在 Unfold3D 中自动展 UV，如图 10-9 所示。

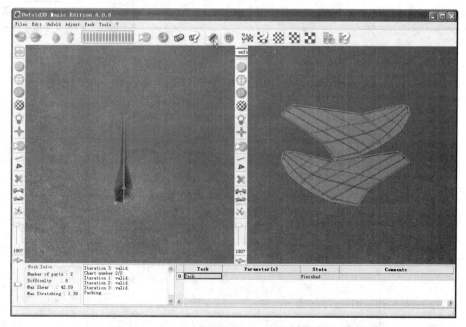

图 10-9

因为两个尾翼是一样的，所以只展一个就可以。如果对刚才的 UV 划分不满意，那就证明 UV 切割有问题，回到 maya 中重新分割一下再来分就可以了。

（7）在 Maya 中，单击菜单栏【File】→【Import...】导入模型，进行 UV 传递，选中两

个机身，注意选择模型的先后顺序，先选展好 UV 的模型，后选没有展的模型，单击菜单栏
【Mesh】→【Copy Mesh Attributes】，如图 10-10 所示。

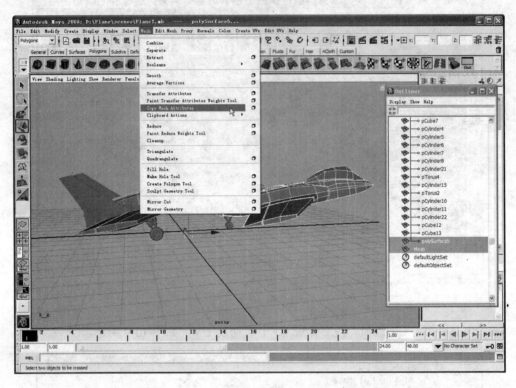

图 10-10

注意【Mesh】→【Cope Mesh Attributes】命令的设置，单击后面的方框，弹出的对话框
选择【UV sets】如图 10-11 所示。

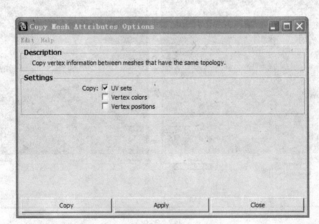

图 10-11

（8）尾翼 UV 传递的操作与上面相同，这里就不再赘述。注意传递完 UV，把导入的模
型删除。

10.2 灯光的架设

（1）单击菜单栏【Create】→【Lights】→【Spot Light】，创建一盏聚光灯，如图 10-12 所示。

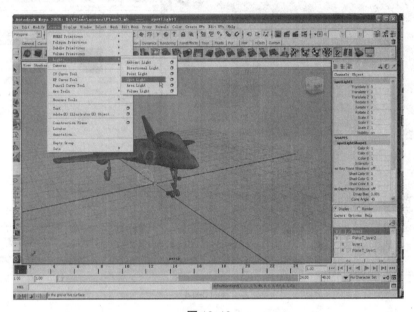

图 10-12

（2）单击视图菜单栏中的【Panels】→【Look Through Selected】,这是调整灯光位置的通用方法，使用移动视图的方法移动，如图 10-13 所示。

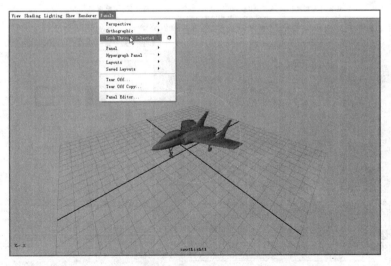

图 10-13

（3）回到透视图，选中灯光，按键盘的【Ctrl+a】打开其属性编辑器，将【Penumbra Angle】

改为 10，将【Color】改为偏蓝色，如图 10-14 所示。

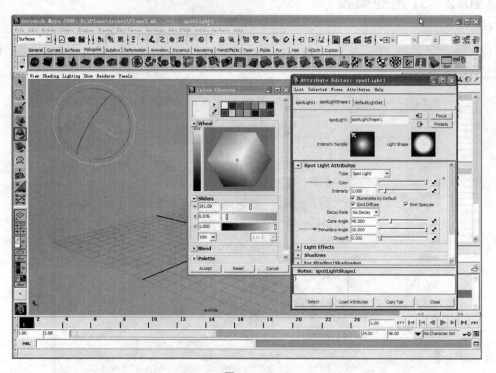

图 10-14

（4）复制一盏灯，移动到另一边，打开其属性编辑器，将【Intensity】改为 0.4，如图 10-15 所示。

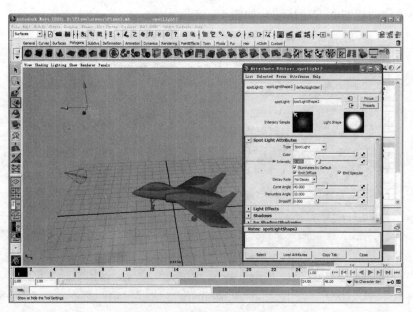

图 10-15

（5）再复制一盏灯，移动到后面，打开属性编辑器，将【Intensity】改为 0.2，如图 10-16
所示。

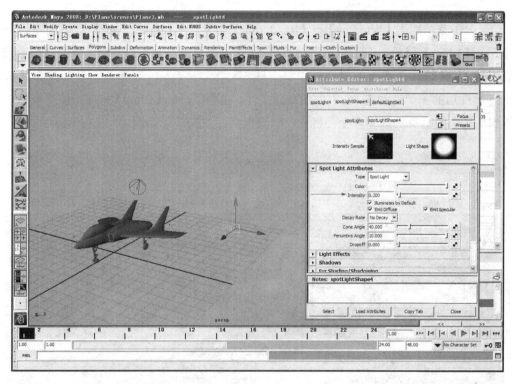

图 10-16

单击菜单栏下面一排按钮中的 ▣（渲染）按钮，渲染一张图看看效果，如果不满意，可
以再更改灯光位置及属性。如图 10-17 所示。

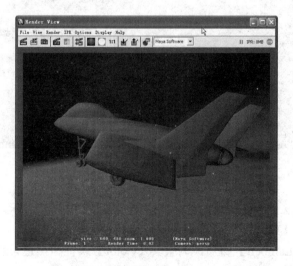

图 10-17

10.3 贴图的方法

（1）单击菜单栏的【Window】→【Randering Editor】→【Hypershade】,打开材质编辑器。创建一个【Blinn】材质，双击鼠标左键或按【Ctrl+a】打开其属性编辑器，单击【Color】属性后面的 按钮，在弹出的对话框中单击 File 按钮，然后单击【Image Name】属性后的 ，选择在 PS 中做的贴图文件。在刚做好的【Blinn】材质上按住鼠标中键，拖拽到场景中的机身任意位置上，将材质赋给机身，渲染效果如图 10-18 所示。

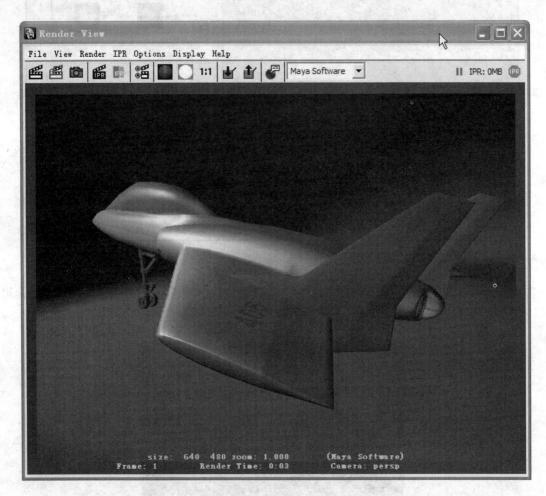

图 10-18

（2）用同样的方法，制作尾翼的材质，渲染效果如图 10-19 所示。

（3）再创建一个【Blinn】材质，将其赋给液压杆、轴承等。

（4）创建一个【Lambert】材质，调整其【Color】属性为黑色，将其赋给轮胎，渲染结果如图 10-20 所示。

图 10-19

图 10-20

10.4　特效的制作

（1）单击工具栏中 Surface 标签下的 ▉ 按钮，创建一个 Nurbs 圆柱，在通道栏中修改 Nurbs 圆柱体变换属性，并通过缩放点，使其变成上大下小的形状，将其放到尾部引擎处，然后复制一个，放到另一个引擎处，如图 10-21 所示。

图 10-21

（2）在【Hypershade】窗口中，创建一个【Blinn】材质，用鼠标中键拖拽材质到刚创建的两个圆柱体上，将材质赋予他们。

在【Hypershade】窗口的 Create 区域中，单击 ▭ Ramp ▭ 图标，创建一个【Ramp】纹理。

在【Hypershade】窗口中，用鼠标中键拖动【Ramp】至刚创建的【Blinn】材质上，在弹出的菜单中选择【Color】命令，如图 10-22 所示。

（3）双击【Ramp】节点，打开其属性编辑器，将【Type】设置为【U Ramp】,并设置颜色变化。如图 10-23 所示。

双击【Blinn】材质，打开其属性编辑器，在【Special Effects】（特殊效果）卷展栏下提高【Glow Intensity】（辉光强度）项的参数设置，并勾选【Hide Source】（隐藏源，即隐藏物体）选项。如图 10-24 所示。

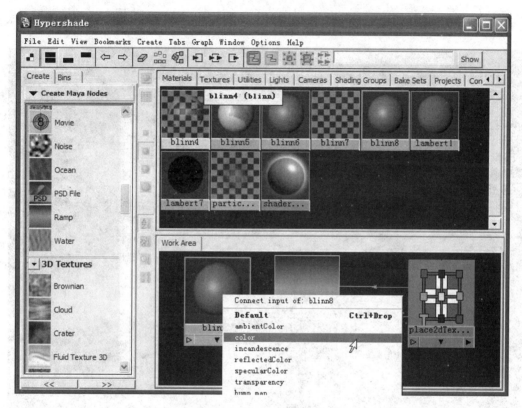

图 10-22

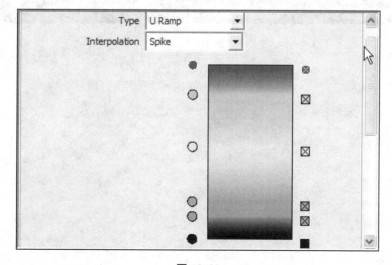

图 10-23

图 10-24

（4）渲染一张图，效果如图 10-25 所示。

图 10-25

南开大学出版社网址：http://www.nkup.com.cn

投稿电话及邮箱： 022-23504636　QQ：1760493289
　　　　　　　　　　　　　　　　QQ：2046170045(对外合作)
邮购部：　　　　022-23507092
发行部：　　　　022-23508339　Fax：022-23508542

南开教育云：http://www.nkcloud.org

App：南开书店 app

　　南开教育云由南开大学出版社、国家数字出版基地、天津市多媒体教育技术研究会共同开发，主要包括数字出版、数字书店、数字图书馆、数字课堂及数字虚拟校园等内容平台。数字书店提供图书、电子音像产品的在线销售；虚拟校园提供 360 校园实景；数字课堂提供网络多媒体课程及课件、远程双向互动教室和网络会议系统。在线购书可免费使用学习平台，视频教室等扩展功能。